TTO
MEMO

201LAB ROOM FRAGRANCE OIL

# COLORS OF SCENTS

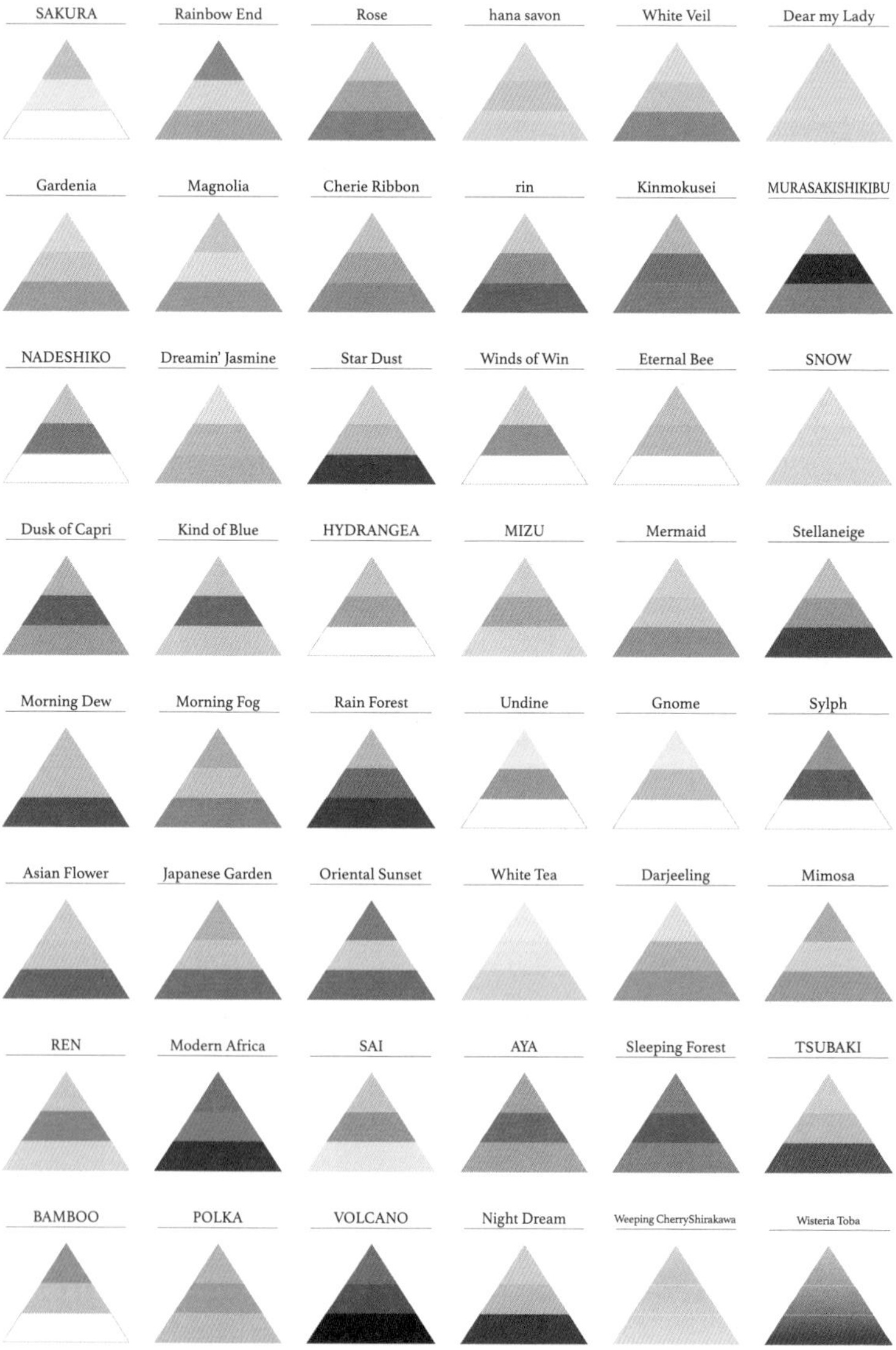

# 香りが僕に教えてくれたこと

ORT 059 White Tea
ホワイトティー
ORT 059 White Tea
ホワイトティー

# Prologue : at the Richard's Room
# ある日、Richard's Room で思うこと

## 目に見える香りを求めて

京都・御幸町通《ごこまちどおり》にある201LAB PLATFORM KYOTO本店。35年以上の願いが叶って、ようやく理想の店を作ることができました。

京都らしい「うなぎの寝床」のような奥に長い建物は、元は古い旅館。その建物をリノベーションして、香りの専門店を作りました。1階は量り売りのルームフレグランスの店舗。そして、2階の奥に僕がどうしても欲しかったパフュームバーを作ったのです。

パフュームバーは、香りについての発信基地にするつもりです。誰もが立ち寄れて香りについての情報や知識をそのバーで仕入れることができるように。

このバーから香りを中心に人との出会いが生まれ、香りを世界にもっと広めたいと思っています。それが香りによって生かされてきた僕なりの香りへの恩返しだからです。

振り返れば僕は類いまれな師匠に弟子入りして調香師となりました。「香りは見て取れる」という師匠の言葉にいざなわれ、未知の香りの世界に分け入り、今までにない形で香りを世に送り出す仕事を続けてきました。師匠直伝の技法を受け継ぐ最後の弟子として、香り雑貨を企画、製造、販売する会社を京都で経営しています。

僕は人との出会いに恵まれてこうして願っていた店を作ることができました。もちろん、人との出会いに恵まれたからこそ翻弄されることもありました。仕入れのために向かった外国で、信頼していた社員からの裏切りや取引先の倒産で売掛金がすっ飛んだことも珍しくありません。何度も何度も騙されたり失敗もしたりしましたが、それをまた何度も何度も乗り越えてきました。

乗り越えられたのは香りへの情熱を失わなかったからだと思っています。

## 柔らかな居場所

2階のほの暗い室内にはダウン照明から柔らかい光が落ちています。高いカウンターの前には赤い座面のバースツール。70年前のロンドンで使われていたアンティークを設《しつら》えたものです。カウンターにはリキュールの代わりにさまざまなパフュームボトルが置いてあります。壁面は素焼きのテラコッタのようなオレンジ色。このオレンジは僕にとっては情熱のオレンジです。

空間全体をリチャード・ルームと名付けました。「リチャード」は海外での僕の呼び名。フランス、香港、タイ……。さまざまな国・地域で、香りの仕事をするうちに僕は「リチャード」と呼ばれるようになりました。格好をつけているわけではなくて、彼ら彼女らにとって「Satoshi Takagi」はとても発音しづらく、口にしやすい通称名が必要だったのです。

そんなリチャード・ルームをオレンジ色にしたのは理由があります。

## オレンジ色のグラースの香り

グラースは、香水発祥の地です。

香水が彼の地の主要な産業になったのは、18世紀末。それまでは革のなめしがさかんで、上質な革手袋を生産していました。ところが、革の匂いが手に残るというクレームがあり、職人が思いついたのが、手袋に香料を染み込ませることでした。

貴婦人たちが革手袋を外すと、薔薇の香りが立ち込めます。香る革手袋は社交界のトレンドになり、グラースはやがて、革なめしよりも香水の街として栄えていったのです。

そんなグラースで、200年以上続く老舗香料会社の一つと付き合いが始まりました。
僕が初めてグラースを訪れた時には、まるで中世の南仏へとタイムスリップしてしまったかのような衝撃を受けました。石造りの外壁にレンガ色の屋根が、傾斜の強い坂の上に点在しています。テラコッタの色がほのかに混じり合ったようなオレンジ色でした。

香料会社の人が連れていってくれたレストランも、そんなオレンジ色をしていました。僕にとってオレンジ色は、香りの街グラースを訪れた感動を呼び覚まします。だからリチャード・ルームの壁の色は、僕のなかのグラースの心象風景と同じ色にしました。それは、僕の初心であり香りに対する情熱の色だからなのです。

自分で調香した数多くの過去の作品と再会するために、今、この部屋にたたずみ、それらの情景描写やその処方を反芻しています。

香りが記憶を蘇らせる。
香りが出会いを生む。
香りが人生に彩りを与えてくれる。
このリチャード・ルームから、僕はそんなことを発信していきたいのです。

そして、僕がリチャード・ルームから動き出すように、今すぐ夢に向かって
あなたも歩き出していただきたい。
好きな香りのするほうへ。

# 目次

## Episode 3 : Rise from the bottom
## 起死回生の花香が世界を魅了する

## Episode 4 : the Color of Ancient City

## 古都の色は、悠久の時の香り

## Episode 5 : Don’t think, feel !

## 考えるのではなく、感じるままに——香りの旅は続く

Episode 1

# Stones on the Beach

## 心に残る仕事を探し求めて

## 前代未聞の「辞めさせてくださいプレゼン」

「会社を辞めます」

その言葉に、新任の上司はきょとんとした顔で僕を見上げました。次いで「なにを言い出すんだ」と理由を尋ねてきます。僕は不思議そうな上司に向かって、辞める理由を真剣に語り始めました。

京都出身の僕が東京の大学を卒業し、自ら希望して採用された会社でした。スイスに本拠を置く総合商社の東京支社で、スポーツ用品事業本部の企画開発部に所属していました。そのなかでヨーロッパブランドのアンダーライセンスのもと、商品企画を担当していたのです。

最初はすてきな仕事でした。たぶん、他人から見てもちょっとかっこよく見えたかもしれません。それに自分でデザインしたスキー板が世の中に出ていくのは良い気持ちでした。

時代は経済成長真っただ中、月１００時間の残業は当たり前。それでも仕事が楽しかったし、僕はまだエネルギーに溢れる若者でした。そしてなにより、なにか「ものづくり」をしているというクリエイティブな喜びがありました。

企画開発部は15人ほどの部署でしたが、僕はスキー板やテニスラケット、バッグなどを企画デザインする担当で、上司の係長と2人だけで5ブランドを抱えていました。しかし、その上司は転勤が決まりスイス本社へと異動してしまいました。

そしてその矢先、ある信じられない現実を見てしまったのです。

それは東京・月島の倉庫で研修中に見た光景でした。

2トントラックいっぱいに山積みになったスキー板、それは僕自身が手掛けたオシャレな（と本人は思っていた）デザインの新商品でした。ふと見かけたその姿を目で追いながら、「いったいどこへ運んでいくんだ？」と不思議に思いました。

その行き先には、僕にとってあまりにも残酷な事実が待っていました。僕のスキー板たちは、夢の島（かつてゴミの島として有名だった、東京湾を埋め立てて造られた人工島）へ連れて行かれ、ゴミになっていたのです。僕はこの目でそれを見届けてしまいました。

当時は「大量生産、大量消費」が叫ばれていました。日本中が熱に浮かされたように、どんどん作って、どんどん売る。しかし売れ残ったら「倉庫代を払うよりも捨ててしまえ」でした。まさに「大量廃棄」こそが現実だったのです。

僕はその光景に、まるで自分もそこに廃棄されているような気持ちになってしまいました。一生懸命デザインし、何人もの手を経て、美しく仕上がった商品が、人の欲望に応えられないというただそれだけの理由で、あっという間にゴミにされてしまう。そもそもそんなにたくさん作る必要があったのか？　それは正しいことなのか？　僕は自問自答を繰り返していました。

――その虚しさ。

――そのはかなさ。

僕は悩みに悩みました。空っぽになったような心で、目に焼き付いたあの光景を何度も思い出しました。何十年経った今も、あの夢の島の残酷な現実を思うと胸が痛みます。


「私は商品が大量廃棄されているのは耐えられないんです」

僕は自分が見た光景を話し、理路整然と説明した――つもりでした。しかし新任の上司はあきれ顔で「それだけの理由で？」と半笑いを浮かべながら、デスクの上に置いた僕の辞表を押し戻しました。

「お前、青いな」

その言葉に、この人に僕の想いは届いていないことを実感しました。それでも僕の決意は露ほども揺らぐことはありませんでした。

「とにかく、これは受け取れない」

「いや、もう決めたんです。私は〝ハート・ビジネス〟をやります」

僕は意を決してそう告げました。しかし上司の反応は意外なものでした。

「はぁ？　なんだ、それ？　……ようし、いいだろう。どうしても辞めると言うなら、部長たちが納得する理由を書け！」

「理由、ですか？　書くって何を……」

「お前も一応プランナーなんだろ？　ハシクレかもしれないがな。だったら、皆の前でプレゼンしてみろ！」

「プレゼンって？　辞めさせてもらうためのプレゼン、ってことですか？」

「そうだ！　それが条件だ」

　こうして僕は、支社長以下、幹部全員がいる前で、前代未聞の「辞めさせてくださいプレゼン」をすることになったのです。

## ハート・ビジネスへの誓い

今になって思えば、おそらくその上司もその立場上、とても困っていたのでしょう。しかしこうなったらあとへは退けません。僕は上層部を説得するため、必死にプレゼンの内容を考えました。

「大量生産・大量消費・大量廃棄」の行き着く先に何があるのか？

みんなみんな、間違っているんじゃないのか。

ものづくりってなんだろう。

人の想いのこもったものを、いとも簡単にゴミにする。こんなことが許されていいのか。

令和の時代になった今、世界が心を一つにして「SDGs」という言葉を掲げ、持続可能な社会を目指している企業も増えてきたけれど、あの頃は、そんなことを真剣に考えている人はほとんど誰もいなかったように思います。

25歳の僕には、まだ結婚を約束した彼女さえいませんでした。でももし将来子どもをもって、その子が大きくなった時、そんな間違ったビジネスの一端を担っている父親をどう思うでしょう。なにより僕は、その子にその事実をどう説明すればいいのでしょう。

「お父さんはどんな仕事をしているの」

そう聞かれたら、なんと答えたらいいのか。

僕は自分の子に、自分の仕事を誇らしく語れるのか。

僕は、ゴミを作る仕事をしているのか。

想像のなかで、成長したその子の問いに対する答えが見つかりませんでした。だからこそ、誰にも一言も相談することなく、すぐに辞表を書いたのです。

いよいよプレゼンの朝、僕は身なりを整え、洗いたてのシャツに袖を通しました。

ふと香る日向《ひなた》の香りが僕の背中をしゃんとさせます。堂々と語るにはその姿も重要だと思ったからです。

いつものように満員電車に揺られ、新宿駅の西口改札を出て、新宿副都心の三井ビルまで続く長い歩道を歩きます。人の列はその道幅いっぱいにまで広がり、まるでどこかの軍隊の行進のように、その隊列は無言のまま同じ方向へ進んでいきます。大勢に逆らうことなく、自分を殺してこの流れに身を任せていればそれでいいのだ、と皆そう思って歩いているのだろうか。僕は、いつもそんなことを想いながらこの歩道を歩いてきました。もちろん、僕もちっぽけなそのなかの一人に過ぎなかったのです。11万人ものサラリーマンが、この西新宿の高層ビルで働いていたのですから。

女性が前にいると化粧品や香水の匂い、男性が前に来ると今度は整髪料の匂いが、混ざり合いながら僕の鼻腔になだれ込んでくるのです。雨の日は特につらく、でも、そこから逃げることなどできません。これが、朝の出勤アワーの定番だったのです。

　でも、今日のプレゼンが認められ無事に退職することができたなら、もうこの歩道を歩くこともなくなるだろう。そう思うと気分は晴れました。しかし、この流れに逆らうということは、一人向こう側からこの逆流に立ち向かうことになるのではないかと、不安がよぎります。

　迷いを断ち切り、その覚悟を僕は今もたなければならないんだと、身が引き締まる思いでした。

「先日私は、夢の島で、わが社の人気商材であるはずのスキー板が、大量廃棄されているのを見ました。耐え難い光景でした……」

　堂々と話し始めた僕の言葉に、居並ぶ支社長も部長らも、陰鬱な表情になってしまいました。きっと誰もが僕の言葉を不愉快に感じたのでしょう。「そんなことは分かりきっている、でもどうすることもできないんだ」彼らの冷たい目が、そう物語っていました。ビジネスの収支計算に従ったところで、心の奥では誰も正しいとは思っていなかったのでしょう。

　この会社にはすばらしい商材がたくさんありました。みんな心を込めて、センスを研ぎ澄まし、ものづくりをしていたのです。

「……これからは、確実に〝モノあまりの時代〟がやってきます。作っても作ってもゴミになる。ゴミが増えれば、環境破壊も問題になるでしょう。モノの需要が減ってくれれば、次はなんの需要が増えてくると思いますか」

　静まり返る重役たちに向かって、僕は熱く語り続けました。想いの丈をすべてぶつけるように。

「心の需要です。心が枯渇していくから、みんな、心を求めるはずなんです」

　静まり返っていたのは、完全には理解されていたわけではないと、今の僕には想像がつきます。ただそのオーディエンスのなかに何人かは、理解してくれた人がいたかもしれません。そう、それは同じ部署の仲間たちです。展示会前には、寝袋を持ってきて会社に泊まり込んでまで、仕事に明け暮れた同志たちです。皆、つらそうな顔をしていたのをはっきりと覚えています。

組織のなかで、想いを言葉にすることは、大きなリスクを伴います。ですが「辞める」という最大のリスクを選んでまでも、自分の想いを言葉にしたかったのです。

支社長に対して？　上司に対して？　それとも同僚たちに対して？

いや、それはもちろんですが、僕は自分の覚悟のために、その想いをきちんと言葉にしておきたかったのです。

「僕は、心に届くものづくりをしたいんです。だから、そうして出来上がったものが、心なく廃棄されることは、あってはならないんです。心に届き、心に響く仕事がしたい。それが、ハート・ビジネスです」

心を込めてものづくりをしてきた——でも、それが人の心に届かなければ意味がない。今もその想いは変わりません。しかし、完全にそれがビジネスという形になるまでには、まだまだその先、時間が掛かりました。

僕のハードルだらけの人生は、そこから始まったのでした。

## 目に見えるモノ、見えないもの

2社目に勤めたのは輸入雑貨会社でした。ここでの仕事も面白かったのですが、やはり自分の想いとのギャップを埋められず、結局退社することになりました。

最後に勤めたのは広告代理店の下請けでした。僕は意識的にモノから距離をおきたかったのです。そこで航空会社のパックツアーの企画などをする制作会社に転職しました。

社長はイラストレーターから起業された方でした。わずか3人だけの会社で、僕はコピーライティングから営業、さらにはパックツアーの宣伝販促まで、どんな仕事でもこなしました。

コピーライティングの仕事は結構向いていたと思います。当時、聞きづてに、コピーライターの男性が作詞家としてすごく成功しているという話を知りました。それが中森明菜の『少女A』を書いた売野雅勇さんです。彼は僕が最初に勤めた商社にコピーライターとしてよく出入りしていました。

ミーハーかもしれませんが、そんな仕事が、いつか僕にも……と、ちょっぴり図々しい夢を見たこともあります。

しかし、現実はそう甘くはありませんでした。

その日、テレビのニュースでは信じられない映像を映し出していました。僕たちが派手な宣伝販促を手掛けていた航空会社の飛行機が、墜落したというのです。

ニュースを見て呆然とする僕のもとに、ツアー会社の社長が電話をくれました。

「すまない……いっさい、広告宣伝はできなくなった」

その言葉に目の前が真っ暗になりました。ということはその会社での売上はゼロになってしまうということなのです。

毎日毎日、そこの部長と飲んで、コミュニケーションをとりました。今でこそそういう仕事の仕方は流行らないかもしれませんが、当時はそれも大事な仕事だったのです。

「とりあえず、一般の客への配り物をなにか考えてくれないか」

「分かりました」

その場で即決しました。そこは元企画マンとしての腕の見せどころです。それに航空会社としては、誠意を示したいところに違いありません。

考えた末に、花言葉を重視することにしました。僕はなにかの奥にある見えない言葉のようなものこそ、伝わると思っています。それに、当時は観葉植物が流行り始めていました。

「スパティフィラム・メリー」。花弁が巻いたような白い花が咲きます。花言葉は、清らかな心。感謝の愛。どうでしょう、これをお客さまにお配りするというのは」

その案は採用され、僕はなんとか売上をつくることができたのでした。

そこにも想いがありました。目に見えるモノ、ではなく、目には見えないハートをこそ、ビジネスにする。

そこで僕は、自分のビジネスの原点を見たのです。

## 「ハードなビジネス」から「ハートなビジネス」へ

僕は2社目の輸入雑貨会社の時に、のちに妻になる女性と知り合い、そして3社目の広告制作会社に勤めた時にようやく結婚を決めました。会社勤めをしていないと彼女のご両親に挨拶にも行けない——そんな打算があったからです。今思えば、とんでもない話です。ろくでなしもいいところですね。僕は理想という翼だけで飛んでいる、向かい風に弱い鳥だったのかもしれません。

でも一つ言えることは、自分が社長になった今「会社を辞めたい」という若者たちの気持ちは少し分かるのです。そこにはきっとなにか「想い」があります。だからちゃんと理由を聞くことにしているのです。

僕は「理由」を大事にしています。3回も転職して29歳になったとき、もう今度辞めたくなっても、それ以前にどこも雇ってくれないことに気づきました。いやもう、雇われていたらダメなんだ、と思ったのです。

なぜなら会社というものは、その会社の経営者の理念で動いているものなのです。雇われている以上、経営者の理念を実現するために働くことが求められます。経営者の理念や夢にもし共感できないのなら、自分の夢は決して叶えられることはないのです。それならもう、僕のやり方でやるしかありません。自分の理念を打ち立てて、それを貫き通すしかないのです。

しかしそれは、僕の家族にとってはものすごいリスクだったはずです。サラリーマンをしていて、毎月、きちんと給料をもらえたからこそ、僕はかろうじて結婚することができたのです。そういう意味では、やはり会社勤めはありがたいものなのでした。

そして僕は、30歳になって小さな会社を立ち上げました。

決心をしたのは息子が生まれたことがきっかけです。一平と名付けたこの子とともに、今、このゼロから、一緒に会社も大きくなっていけるようにと意を決したのです。

社名はアート・ラボ――悩んでつけた社名ではありましたが、なぜその名前にしたのかは、自分でもはっきりとは思い出せません。けれど今となってはとても気に入っています。名前がその方向へと僕を確実に導いてくれているからです。

とはいえ、妻も小さな子もいる以上、なんとか養っていかなければなりません。仕事は、かっこいいことばかり言ってはいられないのです。

ものづくりの夢は決して死んだわけではありません。でもまずは、食べなければ生きていけない――僕は必死でした。

## 「石」にアートを感じ、石拾いに

しかし1年が過ぎ、2年目を迎えても、経営はどん底を這うような状況でした。昔の伝手《つて》を頼っては、ノベルティーやギブアウェイ用の景品など単発の仕事を請け負い、なんとかしのいでいました。

しかし、妻は不平も不満も言わずに、黙ってついて来てくれていました。今思えば、とてもありがたいことでしたが、ただただ、二人で無我夢中だったのかもしれません。

そんなとき、ニューヨークでイサム・ノグチに師事してめきめきと頭角を現していた、造形作家・三澤憲司さんとその弟子に出会いました。

僕の人生は、どん底のどん底に来たとき、ときどき、光を見るようにそういう人が現れてくれました。今振り返ればそう思いますが、そのときは、ただすごい人に会えた、とうれしくてたまりませんでした。

三澤さんの作品は石や金属を使ったスケールの大きいものが数多くありました。モニュメント、庭園、それらの存在する空間を作り上げるような強力なエネルギーが、僕にはとても眩しく感じられました。

「ものづくりをしたいんです。すぐ捨てられてしまうようなモノ、ではなくて」

僕がそう言うと、僕と同世代のその弟子はこう答えてくれました。

「二宮の海岸へ行ってみたら」

二宮は、神奈川県の湘南の西にある、小さな海辺の町です。海岸線が緩やかに長く、なんでもそこに、美しい〝ごま塩石〟があるといいます。

〝ごま塩石〟とは、正式な名前を「石英閃緑《せんりょく》岩」といって、墓石や壁石の石材などにもなる石です。それが手に取りやすい大きさで波に洗われ、丸くなって海岸にたくさん転がっているというのです。

「石を生活のなかのアートにする。いいんじゃないかな」

僕はさっそく、二宮の海岸に行ってみました。手にはボートハウスのトートバッグを持ち、妻と子どもと一緒に車で向かいました。

当時僕が乗っていた車は、鈴鹿サーキットの8時間耐久ロードレース用で14万キロ走ってくたびれたという曰く付きの、中古のワゴン車で、知人からタダで譲り受けたものです。サスペンションが硬く、唸るようなエンジン音が響くオンボロ車です。二輪を2台積んで走るため、なんとサイドのガラス窓もありません。そのベンチシートに0歳の子どもを真ん中にして、妻が助手席に乗りました。

平日の二宮は、人のいない本当に静かなところです。

海もあれば畑もあり、小高い丘のあたりに家々が見え、海岸へ下りると海からの風が心身を満たします。

汐の香りはいつもどこか懐かしい思いがこみあげます。海辺の街に育ったわけでもないのに。形のきれいな石を探して拾っていきます。よく見ればきれいだけれど、そのままではただの石ころでもありました。

そのとき、ただ僕は、作られて捨てられるモノから離れたかったのだと思います。そして路傍の石に魂を込める、アーティストの気持ちになりたかったのかもしれません。何より三澤さんのように、石に息吹を与えたかったのです。

僕はただただ無心に、石を拾い続けました。だんだん、トートバッグは重くなっていきます。だけどこの石、どうしたらいい？　誰かにデザインを頼むにも肝心のお金もないのです。

## 「快石《かいせき》」誕生！

二宮の山を越えると山梨県にたどり着きます。山梨は硯石の名産地であり、石を削って作る雨畑硯《あめはたすずり》が生まれたところです。運んできたごま塩石を、一つたったの数十円で、彫刻家の卵やアーティストの卵たちに磨いてもらったり、一輪挿しを作ってもらったりもしていました。

ごま塩石は、最近ではイタリアンのシェフが生ハムを乗せたりする玄昌石《げんしょうせき》とセットにして販売もしてみました。30cm状のタイルで、床材として使われる建築資材です。側面の切り口は磨かないと割れてきますが、それはお金をかけられないので自分で削ったりもしました。

そのうち、ごま塩石に「快石」という名前をつけ、箸置きとして売ることを思いつきました。なにしろ拾ってくる石だから原価はかかりません。それに箸置きだったら、そういう形状の石を拾えば、加工も窪みをつけるだけで済みます。

我ながらよく考えた、と思いましたが、それを売るためにはイメージ戦略としてパンフレットが必要になってきます。

そこで代理店時代の横のつながりで、タダで物撮りをしてもらったり、パンフレットを作ってもらったりもしました。

そのパンフレットを持って、いろんなところへ売り込みに出かけました。

「よし、四国八十八カ所をお遍路さんする気持ちで、88軒行こう」

そんなことを本気で思って街中の店を回ったのです。

「自然に生まれた形の石です。長い年月をかけて、この形になった石です。そして、二つとして同じものはない。人の心を洗ってくれるような気がしませんか」

「快石、ですか。……石ねえ」

どの店でも話を聞いた担当者は困惑したような顔で首をひねるばかり。それでも、お遍路さんの気持ちだから、ただただ祈るような気持ちで、次の店へ次の店へと歩きました。そうこうするうちに、石を置いてくれた渋谷のある店で、なんとこの石を引き出物にしたいというお客さんが現れたというのです。

「結婚式の引き出物ですか。何人分でしょう」

「５個セットを２００人分お願いします」

店の人はたやすく言いました。しかしこちらは全然たやすくありません。

だってあの石を１０００個、拾わなければならないなんて！

「あ、ありがとうございます。でも……あの、納期はいつですか」

内心の動揺を抑えておずおずと尋ねる僕に、店の人はにこにこ笑いながらまたたやすく言いました。

「来月です」

な、なんだって？　さすがにこらえきれず、弱音がつい口をついて出ました。

「すみません。ちょっと、２～３日……時間をください」

と、なんとかその場は言いつくろったものの、実はもう、僕にはガソリンを買うお金もなかったのです。

スタンドへ行き、なんとか１リットルだけ入れてもらって、また妻も友人も総動員して、二宮へ石拾いに行きました。今回はただ拾えばいいというものではありません。なにしろ引き出物にする以上は、５個並べて、絵面が様になららないといけないのです。

あれこれ選びながらどうにか石を拾い集め、持って帰ると今度はセットにする石のセレクトと箱詰めです。集めた石を並べながら、ああだこうだと、ずっと徹夜の日々を送り、最後に手書きで作った「快石のしおり」を入れて、なんとかギリギリ間に合わせたのでした。


今思えばとても信じられないような苦労でしたが、信じられないほど楽しかった思い出です。楽にできた仕事のことだったら、きっと思い出すこともないでしょう。苦しかったけれど必死に頑張って、なんとか成し遂げた――そういう経験こそがすばらしい思い出になるのです。

想いを込めた仕事が、人を笑顔にする。僕にとっては、それが最高に幸せなことなのです。

## 強い人の意味

「快石」の仕事では、妻の強さに本当に感謝しました。

まさか自分の夫が石拾いをするとは思ってもみなかったでしょう。結婚とはなんとも不思議なものです。よくぞ逃げなかったと思います。

わがまま勝手なこの僕に、いつも淡々と寄り添ってくれるこの女性でなければ、縁は続かなかったに違いありません。もっとも当時のことを妻に聞いてみると、「忘れちゃったわ」と笑いながらはぐらかされるばかりです。

そもそも強い人とはどんな人なのでしょう。

人間社会における強い人の概念は、地位や権力、また財力のある人だと考えている人がほとんどかもしれません。でもその人がその力を失ったとしたら、おそらくたちまち弱い人になってしまいます。「力」をもっただけでは結果強い人にはなれないのです。

本当に強い人とは、逆境に立たされてもめげずに不満も言わず淡々と生きていける人のことです。痛みに耐え、苦しみ抜いたその先の境地に達した人だからこそ、他人の苦しみもよく理解できるのです。だからこそ、いちばん強い人こそがいちばん優しいのです。

そして強い人ほど、ちっぽけなプライドなどにはこだわりません。つまらないプライドに固執して、本当にやるべきことや大切にしなければならないことを見失ってしまう――僕自身もそうでした。

「快石」を例にとると、「石拾いなんてプライドがない。みじめだ」と笑ったり同情したりする人もいるでしょう。しかしプライドは諸刃の剣です。使い方を間違うと他人に危害が及ぶだけでなく、自分をも傷つけることになるからです。

絶望の淵に立たされている時、プライドは立ち向かう勇気を奮い起こしてくれるかもしれません。でもそれは自分だけの緊急用のツールとして使うべきです。決して人との関わりのなかで、声高に訴えたり振りかざしたりすべきものではありません。

そしてプライドはときに、人としての成長を阻害してしまいます。なぜならプライド自体が、過去の栄光の産物にすぎないからなのです。元議員、元チャンピオン、元社長、そういった過去の栄光にしがみついて、今もその気でいる人には、すでに人としての成長もありません。そしてそういう人たちには、決して新しい人生を拓くことはできないでしょう。

そういう意味ではプライドは日々洗練されてこそ成り立つものであって、夢を叶える道の途中でもち出すべきものではないと思います。

だから僕は、石を拾うことを通じて、石以下の若いプライドを捨てたのです。

## 「願えば、叶う」

しかし石アートのビジネスも、そうそううまくはいきませんでした。そんなボロボロな頃、僕は五反田の高架下のおでん屋で、一人でよく酒をあおっていました。そんなことをしている場合じゃないのは十分理解していましたが、そのときの僕にはそうすることしかできなかったのです。

こんにゃくと、大根。そんな感じで、酒ばかりが進んでいきます。

一人、手酌でお銚子を傾ける僕の顔は、よほど陰鬱だったのでしょうか。ふと、隣にいた風格のある男性が、僕の食べている皿に、おでんを入れてくれました。

「どうぞ」

「すみません。ありがとうございます。いただきます」

僕が座ったままお辞儀をすると、その人は穏やかな顔でうなずかれました。

見ず知らずの人からの思いがけない親切を受けて、僕の沈み込んだ心がかすかに動き始めました。人の情けに触れ、酒の酔いも手伝って、僕は取り止めなく、夢を語ったのだと思います。だって愚痴や不満をぶちまけるよりも、夢を語ったほうがずっといいし、なによりその人には夢を語っても受け止めてくれるような人としての大きさが感じられたのです。

その人は、僕の想いにケチをつけることもせず、うんうん、と笑って聞いてくれました。そして僕の分までお勘定をされ、一言、こうおっしゃいました。

「願えば、叶う」

ハッとその人の顔を見て、僕はその言葉を深呼吸するように胸の中に吸い込むと、もう一度お礼を言いました。

「ありがとうございます」

それから何年かして、京都に戻ったあと、上京した折に、そのおでん屋を訪ねたことがありました。

「いらっしゃい」と、店の親爺さんは、目を細めて僕を迎えてくれました。

「しばらくでした」

「ちっとは元気そうになったね」

僕はうなずいてカウンターに座り、ビールを頼み、以前のようにおでんを食べました。

少し酔いが回った頃、僕は親爺さんにふと尋ねてみました。

「いつだったかな、隣に座った紳士がご馳走してくれて『願えば、叶う』と言ってくれたじゃないですか。僕はあの言葉をずっとお守りのようにして、頑張ってきました」

「ああ、あの人はね、偉い人なんだよ」

聞けば、ある有名な食品会社の経営者だといいます。彼はいったい、僕の何にシンパシーを感じてくれたのでしょう。いや、ただ死にそうにくたびれた顔をしていたから、人助けのつもりだったのかもしれません。でも僕にはその言葉がずっと心の奥に残っていたのです。

「願えば、叶う」

なんていい言葉でしょう。その言葉は、僕の理想やこうありたい、こんなものづくりをしたい、という想いに、いつも寄り添ってくれました。

その願い方は、一途で、真っすぐで、真剣でなくてはなりません。願えば願うほど、そう思いました。

だから、そんな理想をもつ人に、今度は僕がその言葉を送ってあげたい。それがあの方へのささやかな恩返しになるのかもしれません。

言葉は人間が得た宝物です。見知らぬ社長がくれた「願えば、叶う」は、僕の宝物になりました。

言葉にも波動があって、良い言葉には良い波動が起こります。そのなかでいちばん強くてきれいな波動は感謝の波動です。「ありがとう」という言葉の波動はいい波動のなかでもいちばん強い影響力をもっているのです。

宇宙には大きな反射板があって、自分が思ったり発したりした言葉の波動は、巡り巡って自分にも返ってきます。醜い言葉を発すれば自分にとってマイナスの影響を受けやすくなり、美しい言葉を使うと自分にとってプラスになる波動が返ってくるのです。

これは誰もが日々の暮らしのなかで、何度も何度も経験してきたことだと思います。良い言葉を発することで、自分も相手も幸せな気持ちにすることができるのです。

実際、僕はその言葉によって人生が変わりました。いえ、変えてきました。

だからこそいい気持ちになれる言葉を使いたいものです。美しい言葉はそれだけで人を勇気づけてくれるのですから。

## 都落ち、そして新たな光

結局、最初の事業はうまくいかず、僕らは東京から京都へと戻りました。世に言うところの、都落ちです。2トントラックを妻の弟、僕にとっては義理の弟が運転し、おんぼろのワゴン車は僕が運転しました。出迎えてくれた父はダメな息子だと叱ることもなく、荷物を全部運び終えてから、僕らを居酒屋へ連れて行ってくれました。

手伝いに駆けつけてくれた従弟と友人も連れだって、タクシーは東山を越え洛中へと。

父の行きつけの居酒屋でした。白木のカウンターに4杯の生ビールが並びました。

「乾杯！」

作業のあとに飲む生ビール、不味いわけなどありません。カウンターの白木の香りを思いっきり吸い込んだまま、生ビールをごくりと飲み込むと、京都へ帰ってきたその実感が体中に染みわたりました。

一口飲んだところで、父は開口一番、自慢げに話し出したのです。

「知ってるか。このビールはなあ、不可能を可能にしたビールなんやぞ」

それはキリンビールから45年ぶりに首位を奪還したアサヒビールの「スーパードライ」でした。

主力商品をズバッと切り、キレ重視のスーパードライに絞り込んで売る。そのときの営業部長は部下に「中小企業の社長がオレたちを支えている。彼らの話を聞いてこい」「見えないものを見て、聞こえない声を聞くべきだ」と言ったそうです。

父とのそんな話は、その後の僕の背中をまた押してくれました。

僕は父親の家に間借りし、電話とファクスを置いて、東京の会社との仕事も続けました。その部屋で、妻と息子と、川の字になって寝たものです。その狭い一間を足掛かりに、僕は再び立ち上がろうともがいていました。

１９８９年、陶器や雑貨の卸をする一方で、京都・柳馬場通に店を出しました。二人目の子ども、長女万季が生まれた年です。

店名は「Hi Holiday」。土曜日曜が恋しいね、という気持ちと、ジャズ・ボーカリストのレジェンド、ビリー・ホリデイの名前をひっかけたネーミングです。しゃれた雑貨や陶器をセレクトして、販売する雑貨店。そして開店のための最初の借金は２００万円でした。

この界隈は、今でこそしゃれた店が並ぶ通りですが、当時は雨が降ると閑古鳥が鳴くような、商売には不向きな土地でした。

最初は仕入れから店番まで、妻と二人きりでした。僕が仕入れに行かなければならなくなると、彼女一人になってしまいます。上の息子は、実家に近い幼稚園に通わせていましたが、その送り迎えは僕の両親も手伝ってくれました。

しかし、娘はゼロ歳児から保育園に預け、しかも延長保育をしてもらっていました。閉園の時間となってしまい、お迎えが間に合わないこともありました。灯りが落とされてしまった入り口に、娘はポツンと座っていました。その姿はまるで座敷わらしのようで、その光景を今でも鮮明に思い出します。

そのうち、致し方なくアルバイトにも来てもらいました。幸い、とてもセンスの良い人たちが来てくれて、今は陶芸家になった飯干祐美子さんも、学生時代に来てくれていた一人です。その頃から彼女の陶器に対する思い入れは相当なものでした。

しかし僕は陶器のビジネスはもう続けられないとの予感があったのかもしれません。彼女を社員として迎え入れられなかったその当時の状況を、うまく伝えることさえできませんでした。それでも彼女は持ち前のバイタリティーと、その思いの強さで一念発起して、陶芸の世界へと突き進んだのです。

ほんの少しの間の出会いと別れでしたが、それは初めから決まっていたことなのかもしれません。忘れた頃に、海外の意外な場所（世界最大級のインテリアと生活雑貨の国際見本市「メゾン・エ・オブジェ」）でも偶然再会していることを思えば、次のステージでのつながりがまだ残されているようにも思えます。とにかく、夢を追うことを諦めない魅力的な女性であることは間違いありません。

しとしとと雨の降る日。雨の香りは嫌いではないけれど、その時の僕には重たく感じました。そんなときに一人で店番をしていると、いちばん頑張らなくてはいけない自分の心にも雨が降ります。

「やっぱり、小売りよりも、モノづくりなのかな」

そんな不安が湧いて、気持ちがブレていました。そんな僕の姿を見かねて、義弟が声を掛けてくれました。

「高木さん、ちょっと目線を変えてみたら」

「目線を変える？」

「遠くから、こっちを客観的に見てみたらどうかな」
――それは、アフリカへの旅の誘いでした。

## Perhaps I will Arrive

義理の弟は、アフリカ専門の株式会社道祖神という旅行会社で当時はナンバー2（現社長）として働いていました。『世界ふしぎ発見！』や『なるほど！ザ・ワールド』などのテレビ番組に企画から同行取材まで請け負うようなアフリカの旅ではその当時からパイオニア的な存在で、僕は格安のチケットをゲットして、独りケニアの旅に出る決心をしたのです。

「はい、これがチケットです」

渡されたチケットを見て、僕のテンションも高まります。確か、航空運賃だけで7万円ぐらいでした。パキスタン国際航空、カラチ経由ケニア行き。

PIAというイニシャルでしたが、「Perhaps I will Arrive」……たぶん、いつかそのうちに着くだろうと揶揄されるほどのバックパッカー御用達の格安航空だったのです。

それでも意気揚々と前ノリで新橋第一ホテルに泊まり、早朝に成田へ着くと「機材調整で今日は飛びません」と言われてしまいました。

これはいったいどういうこと？　まず1日ずれてしまい、やっと遅れて乗り込んだと思ったら、今度はパキスタンへ行くはずがインド洋を低空飛行し始めました。客室乗務員に尋ねても「I don't know」を繰り返すばかりです。

そのうち、窓からインド・ボンベイ（現・ムンバイ）のスラム街が見えてきました。そして僕の乗った飛行機は、その街を越えたあたりの飛行場に着陸したのです。

僕を含め、日本から乗った客が11人。11という数字はパイロットなら誰でも知っている危険な数字です。クリティカル・イレブンといって、離陸後の3分間と着陸前の8分間を足した11分間は、いちばん危険な時間として知られているのです。そんな不吉な偶然の一致が僕をいっそう不安にさせていました。

空港は暗く、お世辞にもきれいとはいえません。

ところが、僕たちはインドには入国できなかったのです。それもそのはず、元からインドに行く予定などなかったため入国許可など下りないのです。当然のことのように僕たちは空港内のロビーに閉じ込められました。まるで難民のようでした。

「ミスタータカギ！」

なぜか突然僕が呼ばれました。日本人のパスポートを集めてくれ、と、イミグレーションの人に言われ、戸惑いつつも日本人の乗客たちに伝えます。

「なんであなたにパスポートを預けないといけないんですか」

「いや、それが僕にも分からなくて」

「大丈夫ですか。ちゃんとケニアに着くのかしら」

ＪＩＣＡ（国際協力機構）にいる娘に会いに行くという和服の女性。兵庫・

西宮の仲良し姉妹。日銀入行3年目というN君、仕事に疲れた40代のシステムエンジニア。……皆、困惑の表情でした。もちろんいちばん困惑していたのはこの僕だったのですが。

「とりあえず、エア・インディアに交渉して、カラチまで飛んでもらいましょう」

N君と僕はそう話し合い、すったもんだの末にどうにか交渉に成功したのです。

「髙木さん、おつかれさまです」

西宮の姉妹が、ホッとしたような笑顔を浮かべて僕にチョコレートを手渡してくれました。

しかしこの時点で、すでに30時間もずれています。それでもなんとか無事にカラチまで辿り着くと、現地はとっくに夜でした。

タラップを降りると白装束のターバンの男たちがどこからともなく駆け寄っ

てきました。そして僕らの荷物を持っていこうとします。慌てて「No, No」と、止めようと戦います。しかし、彼らはホテルに荷物を運ぼうとしていたポーターだったのです。

「ミスタータカギ！」

また僕が呼ばれます。聞いてみると、次の朝の便でナイロビへ行くから、今夜はPIAがホテルを取ってくれるといいます。もともと、そういうトランジット1泊になってはいたのですが。

それでも気が気ではなく、ほとんど眠れませんでした。しかし翌朝、無事に飛行機は飛び、ナイロビに着いたのは真夜中でした。そこにはもはや、誰もいません。迎えもないのです。

「ミスタータカギ！」

またまたイミグレーションで呼ばれ、入国まで終えると、僕は駐在員の女性になんとか電話をかけ、17人乗りのキャラバンを手配してもらい、全員をそれぞれのホテルに送り届けました。ホテルの名前すら聞かされていなかった人もいて、予約のあるホテルを見つけるには、相当の時間が必要でした。

ここまでくるともはや不思議な達成感がありました。見知らぬ人たちをアフリカへ連れてきたような、そんな気さえしたものです。最後に自分のホテルにたどり着いた時には、朝日が昇っていました。見知らぬ土地でのトラブルの連続に、体は疲れ切ってしまっているはずなのに、神経だけは起きて尖っていました。

翌日、昼頃から市場で買い付けをし終えてから、独りでサバンナに行きました。視界を遮るものなどいっさいないサバンナの真っただ中で、一人ディレクターチェアーに座り、大きな夕日が沈んでいくのをぼんやりと眺めていました。

なぜアフリカの夕日はこんなに大きいのだろう。そのオレンジの輝きのもとには、すべてが黒いシルエットになってしまいます。バオバブの樹も、どこかへ飛ぶ飛行機も、そしてすべての人間も。

乾いた土の香り、獣の香り、木の香り、それがまるで夕日の香りのように僕には思えたのです。

――気がつくと両方の眼から涙が、頬を伝い止めどなく流れていました。悲しいとか、うれしいとか、いっさいの感情も帯びない真水のように……。そのとき、確信したのです。僕はたぶん、ここで生まれた。ここにいたことがある。こんな懐かしさは初めてだから。

人類の起源は、アフリカにあるという話がありますが、そんな感覚が蘇ったのかもしれません。ここから生まれて、どこへ行くのか。僕の今の人生なんて、あまりにもちっぽけじゃないか。蛇の脱皮のように、肩の力が抜けました。

僕はそこで、確実に違う僕になったのです。

後年、初めて調香した香りはこのアフリカの経験にちなんだ、「僕の人生の瞬間」をモチーフにしています。

## アウトオブアフリカ

ケニアで僕が泊まったホテルにも、ナイトサファリに一人で参加したそのツアーにも日本人は一人もいませんでした。

外国人ばかりのなかで、食事だけは大広間のようなところで皆で食べます。食事の席で、英語を話す人たちが、映画『Out of Africa』について話していました。邦題は『愛と哀しみの果て』で、彼の地では封切られたあとのようでした。話についてゆけない僕のことを訝しんでいたドイツ人のファミリーが、不意に僕に尋ねました。「あなたは何日、ここにいるの」

「3日間」と答えると、皆、目を見開いて驚いた顔を僕に向けてきました。僕以外の皆さんは、長期間のヴァカンスを楽しむためにこのアフリカに来ているのだということを、今更ながら理解したのです。そもそもアフリカへの旅はアドベンチャーを楽しむ旅のはず。僕のほうが異端だったのです。

そのうち「この人は、死ににきたんじゃないか」と訝った人もいて、ツアコンの女性が「Are you OK ?」と、気遣ってくれました。僕は、大丈夫です。ありがとう、と言って、皆の顔を見渡しました。

そのとき、こういうさまざまな国の人たちと関わらないと、世界とはわたり合えないのだと思ったのです。もともと僕は肌の色で人を差別するというような感覚をもったことがありません。それぞれの国にすばらしい文化があり、それは尊敬すべきものなのです。ただそういうことを、身をもって感じることができたのも、アフリカの旅の収穫でした。

なぜならその後、僕はアジアへ、ヨーロッパへとビジネスの場、交友の場を広げていくことになっていったのですから。

僕の長女も、のちにカナダ人と結婚しました。カナダ人といっても移民組で、彼女の夫は、イタリア系イラン人の父とロシア人の母との間に生まれました。孫娘のあやめとさくらは、二人ともその血を引いています。

そういうふうに、僕の想いは伝わっていっています。このＤＮＡももっと世界へ広がればいいと願っています。

アフリカの大地が教えてくれたものはとても大きいものでした。

僕はそこで、自分を俯瞰して見ることができました。

そして、人間というものを、じっくり見つめることができたのです。

ところでこの旅には、一つ笑えるオチがありました。

帰国すると、義弟がニヤニヤ笑いながらこう言いました。

「髙木さん、もうどこへ行ってもツアコン、できますよ！」

なぜ僕が空港で呼ばれ続けたか。あのＰＩＡの７万円の航空券は、添乗員用のものだったのです。

## 挫折と救い

「Hi Holiday」は、5年でギブアップしました。

その後、店を手放し、生まれ育った洛中から洛外へと移り住むことになりました。倉庫のようなバラックみたいなところに、事務所と店も作りました。

しかし洛中ではなく、洛外——京都以外の土地の人には分からないと思いますが、当時は都会と果ての地、くらいの落差があったのです。

ショップの店員も「山科ですか」と、辞めていきました。洛中で働きたい人は多くても、洛外で働きたい人はごくわずかでした。

でも、そこは有名な大石神社のすぐ近くでした。

洛中よりも、人気《ひとけ》がなく、緑の匂いが濃いところ。

大石内蔵助が一力《いちりき》茶屋に通い詰めていた頃、隠れていた場所で、大石が沈思黙考していたという「断食石」があります。そこへと移転を決めたのは、静かな環境に身をおき、もう一度モノづくりをスタートさせようと考えたからです。大石と同じく切羽詰まった気持ちで、本当に挫折感しかありませんでした。そんな気持ちを切り替えようと、モノづくりに集中するためだと何度も自分に言い聞かせたものです。

小売業を辞め、洛外のこの地に移転した僕は、これまで続けていた陶器類の卸売りを発展させることに全力を注ぎました。土岐、多治見、瀬戸と岐阜県や愛知県の窯元を巡り、その昔輸出用として使用されていた石膏の原型ケース（製品の型を作る元型）を見せてもらいました。

日本の陶器メーカーは、そのほとんどの会社が、陶器を海外へと輸出していました。国内の内需頼みではなく、海外からの特注や別注を受けて成り立っていた業界なのです。

倉庫の棚の片隅に埃《ほこり》をかぶって積み上げられている原型ケースを見せてもらったとき、僕の目にはそれが宝の山に見えました。ここから、また始められる……。そんな直感が走りました。

その時の感慨は、探し求めていた遺跡をようやく発掘した考古学者にでもなったかのような静かな興奮でした。ひんやりとした暗い倉庫の中で、白骨化した恐竜の骨の塊なのか、神殿の柱の残骸なのか、それを両手に抱えた時、何となく懐かしい饐《す》えたような粉おしろいの香が舞っていたのを覚えています。

キャベツの形をそっくり真似た大きなサラダボール。ホルスタインの口が注ぎ口となっているティーポットやミルクピッチャーなど。モノづくりの経験から、一目見て完成品の想像はつきました。まさに暗闇の倉庫の中で芽生えた一縷の望みでした。

しかし、製品化するには、高いハードルが立ちはだかっていました。なんと、現金前払いという条件を突き付けられてしまったのです。

それでも悩んだ末に、僕はその資金を父から借り入れて商品を作ってもらい、サンプルを持って都内の取引先に営業をしました。社員はいないから、すべて自分が動くしかありません。

すると、真っ先に東急ハンズ（現・ハンズ）が口座開設をしてくれることとなりました。

当時の東急ハンズではバイヤーが大きな権限をもっていました。その価値を認めるとバイヤーが直接口座開設の申請書を作ります。あとは店長が書類にハンコを押せば完了するのです。

父は、僕が借入を頼んだ時に、こう言いました。

「個人で、しかも何の実績も保証もないのに、口座など開くわけがない。世間知らずだ。お前は妻子を養う責任がある身だろう。もう一度ちゃんとした職に就きなさい」

それでも僕は懇願しました。

「もう一度だけ、チャンスが欲しいんです。これでだめなら諦めますので……」

僕は、居間で土下座して頭を下げました。横にいた妻も一緒に頭を下げていました。

――涙が自然と溢れました。

若くして茶釜師の道を絶たれ、家族のためにサラリーマン人生をまっとうした父にとって、妻子持ちの息子が借金を増やすことには嫌悪感を抱いていたのだと思います。

しかし、口座は開かれました。三宮ハンズ、町田ハンズ、渋谷ハンズと立て続けに各店に僕の口座が開かれていきました。

とある日、父と母が老後を二人で暮らすために移り住んだ小さな家の、小さな駐車場で、僕はハンズの出荷のために値付けと梱包作業をしていました。

すると父がこちらへやってきました。どうやら昨夜、母から僕の口座が開いたことを聞いたようでした。

父は、頭を軽く下げてから、握手を求めるように右手を僕の前に差し出しました。とっさに僕は父の手を軽く握りました。すると父はすぐに握り返してきました。しかも想像以上の握力で。

「おめでとう」と、父は一言告げたきり、謡の稽古に行ってしまいました。

僕は少しの間、父の背中を見つめていました。そして昔より小さくなったように見えたその背中に、「ありがとう」と返しました。

でも、その数年後に僕はまた陶器売りの仕事を手放す覚悟を決めることになります。父にも、僕にも、そんな未来は想像できませんでした。

## 崩壊と新たな決断

1995年1月17日、それは突然に起きました。形あるものが一瞬のうちに壊れ去ったのです。

阪神・淡路大震災。

明け方、大きな揺れを感じて飛び起きました。両壁に置いてある箪笥が倒れないように、僕は子どもたちが寝ている布団をまたぐように仁王立ちして、両手を広げて箪笥を押さえます。妻は、娘を抱きかかえていました。

ようやく陶器売りも軌道に乗りかけ、僕らは実家を出て、近くの安アパートに引っ越していました。エレベーターもない4階建ての4階。それでも、夢見た家族の再スタートでした。

しかしそんなささやかな幸せも一瞬にして消え去ってしまいました。震災の被害が次々に報道されるなかでも、僕は倉庫に置いてある陶器類の在庫が気になって仕方がありませんでした。この揺れでは、おそらく全滅に近いだろうということはすぐに想像がつきました。

崩壊した街にはあちこちに積み上げられた瓦礫と、焼け跡の臭いが漂い、絶望感に拍車を掛けていました。

そんな打ちひしがれた気持ちのなか、売上もなく、1カ月以上過ぎた頃、突然電話とファクスが鳴りやまなくなりました。

三宮ハンズから大量の注文が届き、マネージャーからも電話が掛かってきたのです。

「髙木さん、そちらは大丈夫ですか？　大変なことになりましたね」

「ええ、私は大丈夫ですが、そちらこそ大変な被害を受けられて、お怪我はなかったのですか？」

「はい、早朝だったのでスタッフはみんな無事です。それより、近隣の飲食店さんが食器を探されていて……。なんでもいいので、早く納品できるとありがたいです。注文はファクスしてありますから」

それは、想像を超えた量の注文でした。マネージャーに懇願された以上、なんとか応えるしかないと、覚悟を決めた僕は、瀬戸、多治見、土岐と車で窯元をまわり、B級品も含めた食器類を大量に運びました。現地でハンズのスタッフと荷受け場に車座になって値付けをしたりもしました。多い時には、岐阜県から三宮までを2往復もしたほどです。その結果、今までの10倍以上の売上に達しました。

しかし気持ちが晴れることはありませんでした。

家屋が倒壊し、店もなくした人たちがまた仕事を再開させるため、この食器を求めている。使命感に突き動かされて頑張ってきたものの、自分だけが無傷で儲けていいのだろうか。

人が困っている時に、儲けるビジネスっていったい何なんだろう。

次第にその想いが強くなり、この仕事を続けるモチベーションが下がっていきました。そして考えて考えて、考えた先に、一つの結論に行き着いたのです。

「雑貨は、捨てよう」

それはまた、大きな決断でした。

僕はまったく違う未知の分野で、しのぎを削ろうとしていました。決断、というのは、またまた大きなリスクと向き合うことでした。

いつも楽なほうを選ぶのではなく、その時その時、苦しいほうを選んできました。道を選ぶときは、願いと照らし合わせる。そして周りと意見を同じくしない、そんな天邪鬼《あまのじゃく》な僕がいたのです。

最近気づいたことがあります。それは岐路に立たされた時の偉人たちが常に険しい道を選んでいたという話を聞き、いつも疑問に思ってきました。自分がその岐路に立たされるたびに、その疑問が蘇ります。

その答えは、彼らが本能的に、平坦な道の先に絶景は見えない、ということを知っていたからなのだということです。そして今となってみれば、僕にもその本能が働いていたのだと、そう思えるのです。

人生には喜びと苦しみがあります。しかし喜びだけを手にし続けることはできません。喜びと苦しみは絶対的なものではなく、またコインの裏表のように、光と影のように一対なのです。光のないところに影はできないように、影のないところには光もまた存在していないのと同じなのです。

決して宗教的な難しい話ではありません。喜びがあるから苦しみがある。苦しみがあるからこそ喜びが輝く。苦しみを乗り越えた先には必ず喜びがあると信じて生きていきたいと心から思っています。

Episode 2

# Colors of Scents

## 人は香りに感情を揺さぶられる

## 「香りの師」との出会い

大学時代、僕はベーシストとしてジャズを演奏していました。

音楽は、どんな時にも形には見えないけれど、心には大きな働きをしてくれます。聴覚からインスパイアされるものの確かさは、ほかのなにかに代え難いのです。矛盾するようですが、モノづくりを志す僕が、モノ、に求めたものも、そんな形に見えない力だったのだと思います。

見えない力について考えるなかで、僕は五感というものを、改めて意識してみました。人間の五感のなかで、最もよく使われているのは視覚だと思います。それから食べ物を味わう味覚。モノを触って感じる触覚。そして音を聴くための聴覚……。

いちばん取り残されていると感じるのは、嗅覚です。

でも動物たちは食べ物を探し出すのも、群れを感じるにも嗅覚を最優先しています。嗅覚はいちばん野生的で、動物としてはいちばん鋭くあるべき感覚なのではないでしょうか。

僕は、嗅覚という「取り残されたもの」こそ、今、人が取り戻すべきだと考えます。匂い。香り。それは目には見えません。だからこそ、ほかの感覚で得てきたものを香りで表現することができたら、すばらしいのではないでしょうか。

しかしながら、それはまた未踏の道で、ビジネスモデルはありませんでした。だからこそ、やりがいがありました。だからこそ、僕のやるべきことだと思ったのです。

僕は、仲の良い陶器の窯元に「私は香りの勉強をして、調香師になります」と、そう告げました。彼には僕がなにを言い出すのか、ひょっとしたら少し前から分かっていたのかもしれません。僕の想いというものは、すでにそこはかとなく漂っていたのかもしれないのです。

僕の話を聞いた窯元のその専務はこう言いました。

「香料の原料会社に友人がいるから、紹介してあげますよ。でも、その友人は『紹介はするけど門前払いされるかもしれない』と言うんです。偏屈なじいさんだからって……」

「それはその時のことで構いません。お願いします」

そんな会話が交わされたあとの１９９１年春。原料会社の研究員の彼と僕の２人は大阪・十三《じゅうそう》の居酒屋で落ち合い、彼の四畳半の部屋で雑魚寝して、翌朝、神戸にあるその香料会社に行くことになりました。

香料会社を経営するその社長は、経営者だけでなく、優れた調香師でもありました。

「はじめまして。タカギサトシと申します」

「大久保です」

言葉少なに応じた大久保清光先生は、見るからに頑固そうな人でした。

簡単な挨拶のあと、彼は自身がどうやって香りに行き着いたかを語ってくれました。

「私は航空隊にいたんだよ」

話は第二次世界大戦の戦時中から始まりました。香りの話以前の、命と向き合った過去。激戦のなかの恐怖。仲間の死。戦場に吹き荒れる狂気。そして戦火のあとに残された虚無……。

ひとしきりそんな話が終わったあと、大久保先生はこうおっしゃいました。

「香りは、見て取れる」

それは僕にとって衝撃の一言でした。

目に見えないはずの香りをどうやって「見て取る」のか。そうか。見て取るほどに、一つひとつの香りを理解してこそ、調香が可能になるということだろうか。その感覚を研ぎ澄ますにはどうしたらいいんだろう。

「お願いします。弟子入りさせてください」

僕にはそう言うことしかできませんでした。

とはいえ、授業料を払うお金はありません。僕はそれを正直に言いました。

「手伝うことがあれば、働きます。週末、朝からここへ来ますので、どうぞ使ってください。僕に調香を、香りのことを、教えてもらえませんか」

そこから毎週末、僕は京都から神戸へと通うことになりました。

## 調香の原点に触れる

大久保先生は、化学者でもあり、調香師でもあり、経営者でした。調香の流儀は「東香流」といいます。

「東風吹かば　匂いおこせよ　梅の花　あるじなしとて　春な忘れそ」

国語の授業などでご存じの方も多いと思いますが、菅原道真が京の都から大宰府に流されるときに、別れを惜しんで詠んだ歌です。

道真を祀った福岡の太宰府天満宮には、まさにその梅が京から飛んできて咲いたといわれる「飛梅」の木があります。その歌は、まさに香りが見て取れるものとなった物語をはらんでいるのです。

しばらくして、僕は「東の風」というのは、日本から吹く風をも意味することに気づきました。日本は、昔からファーイースト（極東）と呼ばれています。これは西洋人が抱く神秘に満ちた日本への憧れなのです。聖書ではエデンの園も東にあるとされています。

僕は、これを世界へ発信してゆく使命を感じながら「東香流」という名を胸に刻みました。飛躍し過ぎかもしれませんが、僕はホモサピエンスが、数十万年もかけて日本にまでやって来たのにも、きっと深いわけがあるに違いないと思っています。

世界へ先生の想いをつなげたい。春になるたびに僕はその誓いを飛梅の木に捧げているのです。

「香りは、見て取れる」

東香流の調香の手法は言葉どおりに異色なものでした。

なにが異色なのかというと、これまでの調香が1滴、1滴と香りを液体で合わせていくのに対し、東香流は、セラミックビーズに香料を染み込ませたものを合わせていくのです。

この手法は、今の僕の調香の原点となっています。液体の調香の難点は、98%完成していた香りも、最後の1滴を間違えるとすべてが無になってしまうことです。その香りだけでなく、時間、労力、コスト、すべてがゼロ、無駄になってしまうのです。

では、固体による調香はどうでしょうか。セラミックビーズを掛け合わせていくことによって、仮に最後の1個が違っても、そのビーズを外せばそれまでの状態に戻ります。その段階から始められるから、ゼロから始めなくてはならないということはなくなるのです。

これは調香の常識を覆す、画期的な技術でした。しかし問題は継承者がいないことです。その理由は、第一に人の好き嫌いが激しい先生の性格、そして「誰にでも教えたくない」という、宣伝もしないやり方によるものなのです。

「僕は先生に学ぶことができて、ありがたいです。香りを専門にできるよう、頑張ります」

僕のその言葉に、先生の奥さまは心配そうに眉を顰《ひそ》めました。

「香りで食べていけますか？　大丈夫？　……あの人は、人の人生をそこまで考えてませんからねえ」

奥さまはそう言って、授業料も払わない僕に、おいしいケーキと紅茶を用意してくれました。

「僕は、人生を香りに捧げます」

その時の僕に、確信があったわけではありません。それはただただ先生の言葉、「香りは見て取れる」というその言葉が指し示す哲学に惚れ、一瞬のうちに魅了されてしまったからでした。

僕の大それた言葉に、奥さまは含羞《がんしゅう》のある複雑な微笑を返されました。決して経済的には裕福な暮らしではなかったでしょうが、奥さまはいつもハイカラでセンスのある暮らしをしておられました。たとえお金がなくても、センスが良ければ叶う豊かさがあるんだなと僕は思いました。

少ない選択肢のなかからでも、いちばんしゃれたものを選ぶことができる審美眼があれば。そして多くを持たず、すてきなものを少なく持つことで、それは叶えられるのです。

義理の弟からアフリカの旅を勧められたのは、先生との最初の出会いから、わずか数カ月ほど経った頃だったと思います。

もし、アフリカの旅と先生との出会いが前後真逆だったとしたら、僕はこの香りを作ることができなかったでしょう。

僕が初めて調香した香りの名は「モダーン・アフリカ」。

あの日見た、大きな夕日。バオバブの陰影。真水のように流れた涙。初めて訪れたここが懐かしいと思った気持ち。土、動物、木。自然本来がもつ生気が立ちのぼるように融合した、あの夕日の香りが蘇ってくるのです。

そんな唯一無二の人生の瞬間を香りにする——出来上がった充実感は、あの日の想いとまた似ていました。

## 決して失われないもの

1995年1月17日5時46分。阪神・淡路大震災のあの時を体験した人は、きっと生涯、忘れることはないでしょう。

僕の住む京都にも揺れは大きくやってきました。しかしなにより心配だったのは、その日も出かけるはずだった、大久保先生の家と事務所、そして奥さまの実家でもある工場のことでした。

香料工場は化学薬品の巣窟で、アルコールなど可燃物も多く貯蔵されています。想像に違わず、工場は爆発音とともに燃え盛り、全焼したそうです。

不幸中の幸いで早朝であり、先生とご家族も家で寝ておられたので、命は助かったようでした。しかし事務所もなくなり、家も倒壊したとのことでした。

僕は頭の中で、もう二度と訪れることができないその場所を思い出していました。昔の街の個人医院のような、木造とガラスでできた、レトロな建物です。もし時間がずれて僕もそこにいたら、吹き飛ばされていたでしょう。

僕は呆然と、事務所兼用の店を片付けていました。割れて粉々に砕けた陶器の商品の破片を拾いながら、形あるもののすべてが必ず壊れていくことを、改めて思いました。

——それでも、香りは残る。記憶のなかに。

しばらくして交通がなんとか落ちついた頃、先生のもとを訪ねてみると、先生も奥さまも仮設住宅で暮らしておられました。修業のうち、震災以降の3年間はその仮設住宅で教えを請うことになりました。

修業の最後の日のことは決して忘れることはありません。

「もう教えることはなにもない」

そうおっしゃった先生に、僕は黙ってお辞儀を返しました。

「教えるべきことを全部、君に教えたから」

それは、東香流を皆伝した、という意味でした。

「いい選択をしはりました。いい出会いやったね」

奥さまは穏やかな笑顔を浮かべてそうおっしゃいました。頑固な先生が、晴れ晴れと窓の外を眺めていらっしゃいます。奥さまはこう続けられました。

「私のところは全然大きくならないけれど、うちと関わった人たちは、みんな大きくなるんですよ」

その言葉に僕は恐縮するばかりでした。まだまだ、大きなことはなに一つ成し遂げていないのですから。ひょっとしたら、奥さまのその前向きな発言が、僕を育ててくれたのかもしれません。きっと「これからの人」たちにかける言葉は、それくらいのほうが良いのだと思います。

「香りは、見て取れる」

僕はその調香師としての技を、先生の魂を受け継ぎながら、独学でさらに発展させていくことになりました。

## 経営者と不協和音

調香を研究しながらも、社長として経営を考える日々は続きました。

ルームフレグランスは少しずつ売れてはいましたが、成功というほどではない日々が続き、新しいアイデアも浮かびませんでした。

そんな2001年のことです。イギリス・ロンドンの南西部にある由緒正しい王立植物園『キューガーデン（Kew Gardens）』のライセンスブランドの話が、東武百貨店から舞い込んできました。当時の社長の直轄機関「新生活研究所」にいた女性デザイナーから来た話です。なんと彼女は、僕が二宮で石拾いをしていたときに知り合っていた人だったのです。

「髙木さん、何かライセンス商品を提案できますか」

「もちろんです」

彼女からの依頼に、僕はすぐにルームフレグランスの企画書を作り、提出しました。これが通れば大きなビジネスになりますし、僕の調香の腕も活かすことができるのです。

ようやく企画書を提出し終えて、わくわくして1週間が過ぎた頃……。

「残念なお知らせがあります」

彼女からそう連絡が来ました。なんでも選んだ香料のうち1種類がアニマルテストに引っかかってしまったのでした。アニマルテストは、例えば研究用のネズミにその成分を食べさせてどのくらいで死ぬか、というようなことをやるのですが、問題の1種類はビーグル犬の眼の炎症テストでした。原料メーカーがやっていたことで、そこまで調べるのかと正直驚きました。

それ1点が引っかかり、すべての企画が無に帰しました。彼女も申し訳なく思ったのでしょう。そのあとで別の提案をくれました。

「フォートナム・アンド・メイソンのライセンス契約が終わるんです。紅茶のブランドで何かできないかしら」

「考えましょう」

そう答え、すぐにアイデアを練りました。コンセプトは「リッチ・アロマティー」。これなら、香りという切り口はつなげられます。そう考えての企画でした。

1年近く猶予はあったので、鎌倉に良い紅茶の店があるといえば行ってみたり、台湾茶、京番茶など、あらゆるお茶を研究しました。

お茶の違いというのは茶葉の違いで、お茶の木そのものはどれも同じです。ですから24の生産地の茶葉に、ドライフルーツ、ハーブ、スパイスなど、香りのレシピを付け加えたのです。

ヨーロッパの人が好きなフィグ（イチジク）の香り。薔薇の花びらの香り。クローブやシナモン、ピンクペッパーのスパイシーな香り。香るお茶をつくることは、僕にとっても楽しいチャレンジでした。

2001年のギフトショーでは3ブースを借り、大々的に「リッチ・アロマティー」をプレゼンテーションしました。結果、展示は大成功のうちに幕を閉じました。枯渇したと思っていたアイデアは別の形で活きたのです。

けれども、メインであるはずのフレグランスの商品は半分だけ。当時、社員は5人ほどいましたが、紅茶を扱うことについては社員全員から総スカンを食らっていました。

その後の営業も「香り、じゃないんですね」と、紅茶を持っていこうともしません。仕方なく僕は自分で、雑貨店や百貨店へ営業していきました。

ところが僕がタイ出張に行っている間に、事件が起きたのです。

実際の商品は、大阪の食品加工のメーカーに作ってもらい、加工して完成品にしていました。しかし工場で賞味期限ラベルの貼り間違えが起き、上からまたシールを貼っていたのです。あとから貼ったシールが、もともと貼っていた賞味期限よりもさらにあとの日付になっていたようでした。

あっという間に消費者センターにクレームが入りました。というのも、ちょうどその頃、某大手食肉加工会社が「賞味期限の偽装」で大問題になっていたというのもあったのです。

出張から帰ってすぐの朝6時に電話が鳴りました。

「髙木さん、すぐに新幹線に乗れますか」

声の主は東武百貨店の人です。

「どうしたんですか。何があったんですか」

「今、ここで言えないんです。とにかくすぐに来てください」

僕は矢も盾もたまらず新幹線に飛び乗りました。実態が分からないだけに、さまざまな悪い想像が脳裏を、いや、全身を駆け巡っていました。

東武百貨店の役員室に着くと、そこには渋い顔の役員が待っていました。当時食品部は役員付きでした。

「大変なことをしてくれましたね」

事の次第を聞かされた僕は全身から血の気が引きました。正直、「終わった」と思いました。取引も、いや、僕の会社も、すべてが終わったと。なぜか反対していた社員たちが「ほうら見ろ」と言う姿までもが浮かびました。

とりあえず――土下座して謝罪しなくては、と膝を折った瞬間、

「土下座はやめなさい」

と、その役員は厳しい声で制しました。ハッと見た僕に、彼は静かにこう続けました。

「僕はあなたが嘘をついているとは思えません。本来なら、新聞広告を打たないといけない事態ですが、そうしたらあなたの会社は潰れてしまう。だから、それは出しません。ただし、すべて撤収してください。残念ながら口座も閉じます」

せめてもの救いでした。おかげでなんとか会社は潰れずに済みました。しか

しその一方で、僕は社員との間に生まれた亀裂を感じ始めていました。

## 忌み枝を切る

社長、という立ち位置が僕にはよく分からなかったのかもしれません。

もともと他人に対して遠慮がちで、臆病で、融通が利かないところがある僕は、良い社長でいようとなんでも頭で考え、本音を見せずにいたと思います。どうやら社員たちは僕が何を考えているのか分からなかったのでしょう。

亀裂はごく静かに、しかし確実に広がっていきました。社内には一人の優秀な社員がいました。僕は彼を右腕だと思うほどに信頼していたのです。

しかし彼はある時から他の社員を束ね、僕に反目し始めました。よく見てみるといつの間にか社員たちは皆、彼に洗脳されているように従っています。

ある展示会の設営のあと、いつものように「みんなで夕食に行こう」と言うと彼はこう言いました。

「僕らはいいです。そんな無駄なお金、使わなくていいですよ。社長、一人で行ってきてください」

正直、困ったな、と思いましたが、僕にはどうしたらいいのか、分かりませんでした。

そんな折、正月に平安神宮で、たまたま「雅風展」という盆栽の展示会が近くで開催されているのを知り、見に行くことにしました。

盆栽など見るのは初めてのことです。並んだ盆栽はどれも小さなものばかりですが、盆栽の展示台の間を歩いていると、かすかに清涼な緑の香りが感じられるような気がします。

小品盆栽というジャンルは、大きな盆栽ではなく、樹高わずか20㎝足らずの小さな盆栽です。掌の上で愛でることのできる盆栽。いわゆるミニチュアのような盆栽です。「掌上の芸術」と呼ばれているのだということも知りました。

しかしこんな小さな盆栽でも、樹齢はなんと20年以上だといいます。なかには百年近くも生き続ける盆栽もあるということでした。

その時間の長さは、僕にとって驚愕でした。会場をくまなく回っていると、欅《けやき》の盆栽が僕の目に留まり、その場に立ち尽くしてしまいました。「箒《ほうき》立ち」といって、箒を逆さまに立てたような姿だったのです。つまりすでにすべての葉を落として枝振りだけとなった樹形です。いっさいの虚飾を捨てて、なお美しいその姿に僕は魅了されてしまいました。

枝振りだけの木のことを「寒木《かんぼく》」と呼ぶのですが、僕はすぐに受付へ行って会員にならせてほしいとお願いをしました。するとなんとその公益社団法人全日本小品盆栽協会本部は、京都にあって東寺のすぐ近くだということでした。

第三土曜に会員の教室があるからとお誘いを受けて下見にお邪魔し、その日すぐに会費を払って入会しました。

最初に買った木は、やはり欅。お金にも困っていた頃だったので、先生に少し安めの木を選んでもらって、大切に育てていました。数年経って少しは樹形も整い始めた頃、また剪定の日がやってきました。鋏をどこに入れるかを迷っていた時に、先生が僕の横にやってきました。

「髙木くん、どこの枝を切り落とすのか迷っているね」

先生は微笑みながらそう言うと、僕の握っていた鋏を取り、大きな枝を根元からばっさりと切り落とされたのです。

「先生！」

僕は思わず叫んでしまいました。せっかく大きくなってきたこの枝を切ってしまうなんて……。すると先生はこう言いました。

「これは、忌み枝というんだよ。これを今切り落とさないと、3年後には君が買った値段の十分の一の価値さえなくなるんだよ」

説明を受けてからも、しばらく納得がいきませんでした。

先生は若い頃は露店でホオズキや朝顔を売られていたそうです。ある時、佐川急便の創始者の佐川清さんからご自宅の庭の造園を任されたことがきっかけで小品盆栽の発展に尽くされるようになったそうです。夏はステテコ姿で気さくな先生が、その小品盆栽協会の理事長だったのです。

その時、先生から聞かされた話は、経営にまつわる話でした。忌み枝は、他の枝に悪影響を与えるだけではなく、全体の樹形をも一瞬にしてだめにしてしまうのだと。これは会社経営にも当てはまるのだと。一人の不満分子である社員を野放しにすることに似ているのだという話だったのです。先生は僕の人事の悩みをすでに見て取られていたのでした。

泣いて馬謖《ばしょく》を斬る、とはこういうことなのかと改めてその想いを深めました。美しさのその中に潜む、人を魅了してやまないものには、その裏側に妥協を許さない厳しさがあるからなのか。それを知ったとき、なぜか、涙が止まりませんでした。

## 社長はみんなのために

僕は右腕だとまで思っていたその男性に辞めてもらうことにしました。気持ちを正直に話すと「辞める」と言ってくれました。これまで社員に対して、そんなふうに自分の気持ちを話したことはありませんでした。それは僕が悪かったのです。

すると、彼の意見を正しいと思っていた6～7人の女性社員たちが、みんな「辞める」と言い出しました。紅茶の失敗はここにも響いていたのです。

何かこの商品に賭けようというときも、僕はなぜそれをしなくてはならないのか、どのくらいの気持ちでやっているのか、言葉にしたことがありませんでした。

「私たち、全員辞めます」

僕はそのとき、初めて彼女たちに心の内を正直に語りました。

「僕は本当にいい会社にしたいと思っている。みんながここで働いて良かったと思えるような会社にしたいと思っている。ここから本当に頑張るから、少しでも助けてください。お願いします」


それが金曜日のことでした。

土曜、日曜と過ぎていきます。頭を冷やして考え直してくれる人が一人でも二人でもいたらいいな、そう願っていました。でないと、独りぼっちになってしまいます。

飼いイヌを連れて河川敷を何往復も散歩しました。しまいにはイヌのほうが「おーい、また行くの。帰ろうや」と心配げに僕を見上げるほどでした。

つらい時間でした。頭を冷やさないといけないのは僕なのに、考えはまったくまとまりません。

そして月曜日――会社の前に、プラタナスの枯葉が落ちてきます。それを箒で掃きます。また葉が落ちる。掃く……。僕はこの地に来てからずっとそういうルーティーンをしてきました。自分と向き合う時間が必要だったからです。

掃いても掃いても、枯葉はまた舞い戻るのになぜまた掃くのか？　それは禅問答のように終わりのない行為でした。

枯葉を掃除するという行為ではなく、自分の心の迷いを絶つという行為なのだということにやがて気づいたのです。

明日の朝も、一人で掃く……。僕は、すでにそう覚悟を決めていました。誰も来なければ来なくていい。また一からやり直せばいい。自分の器が小さ過ぎた結果は、しっかりと受け止めるしかないのだから。と、いい意味で開き直れた瞬間でした。

「おはようございまーす」

一人、やって来ました。

「お、おはよう」

僕は、戸惑いました。

「おはようございまーす」

一人、また一人、と出社してきたのです。

「みんな、おはよう！」

僕は、誰にもその理由を尋ねることはしませんでした。そして、彼女たちも何も語らず、いつもどおりの日々が過ぎてゆきました。

それから僕は、変わっていったと思います。辞めるとか、辞めさせるとかじゃない。みんな、運命共同体なんだ。そして家族と同じなんだと気づいたのです。

何も言わずとも理解し合える関係です。そんなのは理想だけど、現実的には無理だと、そう言われるかもしれません。でも、その理想を追うのが僕の流儀なんだと思いを固めた瞬間でもありました。

その時、思いついてできた標語が、「目配り、気配り、心配り」です。以後、社是のなかの一つとして掲げてあります。

社員みんなのおかげで、僕はやっと社長らしくなれたような気がしたのでした。

Episode 3

# Rise from the bottom

## 起死回生の花香が世界を魅了する

## マルハナバチ、アジアに飛ぶ

２０００年を境に、僕は中国、タイなどアジアに視野を広げていました。そして中国で最も歴史のある「広州交易会」というギフトショーにも通うようになりました。それはそれは半端ではない出展数で、４泊ぐらいして、１日20キロくらい歩かないと、隅々まで見ることができませんでした。

２日ほどで靴がダメになるくらいです。連れて行った女性社員の一人は、体力的についていけなかったようで「もう辞めさせてほしい」と言ったほどでした。

巨大な会場を歩くうち、目が慣れてくると、立ち止まらなくても同時に何件も見えてくるようになります。カメレオンのように横に目がついているんじゃないかと、自分でも面白いほどに。

そこで現地の人たちとの付き合いから、どんどん深い情報が入ってくるようになりました。

アジアの奥地には、デンジャラスな雰囲気の漂う工場がたくさんあります。灼熱の空間で、上半身裸の男が吹きガラスを吹いていたりもします。熱く湿った風の香り、労働者たちの汗のにおい、そういうものが入り混じった独特の香りが、その土地その土地に漂っています。その香りを感じながら、バンコク、チェンマイ。２００回以上行ったでしょうか。

しかし経営状況は芳しくなく、２００６年には社員が15人ぐらいいたのですが、会社の負債もまた膨らんでいました。

債務超過に陥り、あるとき銀行の支店長に「これ以上融資はできない」と言われてしまいました。

「マルハナバチ、って知っていますか」

そう聞かれて答えることができない僕に支店長はこう続けます。

「体が重たくて飛べないはずなのに飛んでいる。おたくの会社は今、そういう状態です。いったん、会社更生法を申請したほうがいいんじゃないですか。さもなくば、資本家に投資を依頼するか、資産を譲渡してもらうか」

僕は会社更生法を適用された知人のことを思い出しました。彼は不動産を取られ、社員の雇用を切って、かなり悲惨な顔をしていたのです。

なんとか、その事態だけは避けたい。僕は、諦めたくありませんでした。考えに考え、悩みに悩んだ末に、僕は一縷の望みをかけ、バンコク出張を敢行しました。マルハナバチはアジアに飛んだのです。

## 「ひとりブレスト」に導かれて

それにしてもどうしてアジアなのか？　不思議に思われる方もいらっしゃると思います。この苦境を乗り切るためにはやはり新しい企画が必要だ、と僕は考えました。

企画を考えるときに僕はある方法を実践しています。まず、なんでもいいから頭の中に浮かんだこと――モノでも人でも行動でも構いません。ほかにも想像したこと、願望、妄想でもなんでもいいのですが、それらをそれぞれカードにメモして、箱でも缶でもいいのでその中に入れておきます。

このとき、現実はいっさい無視して、俯瞰で物事を見ながら、すべての縛りから解き放たれた自由な世界で想像の翼を広げていくのです。そのときに注意すべきこと、それはジャンルを絞らないことです。写真であろうと絵であろうと、ヒントになりそうな言葉であろうと、なんでもいいからメモしておくことです。

しばらくしてから、それらを溜めた缶を開く。そして中のメモに記された自分だけの感覚の断片を見直してみるのです。そこに書かれてある言葉や絵や写真の数々には、おおよそ関連性などないように思えます。しかし、全体を俯瞰して見るなかで、まず目についたもの、心にピンと閃くものや、気になるものが次第に鮮明に見えてくるはずです。

最初はただの点と点かもしれません。しかし見ていくうちにそれらを結ぶものが見えてきます。するとまったく無関係に思われた発想のピースが突然結びつき、想像さえしなかった新たな発想の原点となるのです。

ブレインストーミングという言葉を聞いたことがあるかと思いますが、これは複数の人が制約なく自由な発想でアイデアを出し合うという集団発想法です。これを自分一人で行う、言ってみれば「ひとりブレスト」でしょう。

――なにかしら、原価のかからないものを考えなくてはならない。

――会社を立て直せるような、画期的な商材が必要だ。

追い込まれていた僕はやはりこの方法を試して新企画を探ろうとしました。しかし時間がないこともあり、「香り」と「アジア」というキーワードしか閃きを感じられませんでした。

ならばどうするか。座って考えていても何も生まれてはきません。だから僕はとにかく、アジアに旅立つことにしました。今思えば、この旅は足りないピースを探すための探索の旅だったのかもしれません。

## 人との出会いが、香りの花を咲かせる

タイのバンコクに着き、現地の知り合いと会った僕は世界遺産として有名なアユタヤへ向かいました。バンコクから車や電車で約2時間という交通の便の良さもあり、ツアーなどでも人気の観光地となっています。

バンコクから北へ約76キロ。チャオプラヤー川とその支流に囲まれた中州にあるアユタヤは、14世紀には王朝があった古都です。東南アジア諸国との貿易で商業都市として発展し、多くの荘厳な寺院や黄金に輝く仏塔、優美な王宮が建設されましたが、18世紀になると度重なるビルマの侵攻によって衰退しました。

ワット・プラシーサンペットという巨大な寺院。巨大な釈迦の像がのどかに横たわるワット・ロカヤ・スターラーム。ビルマの兵士たちに落とされた仏頭

が木の根っこのなかにうずくまり、こちらを見つめているワット・マハタート。

これはまるで木の根の一本一本が仏頭を守ろうとしているようにも見えます。そして守られた石の仏頭が生きたまま何か語りかけているように思われます。そのとき、そのエネルギーが僕の心に強く響いてくるように感じられました。

遺跡を見て歩くうちに、僕はふとあることを思いました。

周囲の川が運んでくる水の香り、森の木々の香り、そして石の建造物の香り。

人々の争いがすべてを壊したかに見えても、またそこにある自然が歴史を守っていたのです。その破壊と再生のなかにも、ここにしかない香りがありました。

再生の香り。それはそのときの僕を勇気づけたのです。

稲作が主要な産業であるタイではあちこちに広大な田んぼが広がっています。遺跡の帰りに通りかかった僕は、多くの田んぼの周囲に、束ねて捨て置かれている植物に目を留めました。

廃棄されているもののなかにある見えない力――打ち捨てられているものの秘められた存在意義に敏感な僕は、迷わずその一本を手にしました。それは１・５メートルほどの長さのなんの変哲もない草です。ゴボウのような茶色い樹皮をめくると、中は真っ白です。

「これはなんという植物ですか」

現地の人に尋ねると、いかにも面倒くさそうに答えを返してきます。

「サノエ。稲の邪魔をする雑草ですよ。でも中身の白いところをシート状に削ると、花びらの形になるから、ＳＯＬＡフラワーとして海外に輸出しているんです」

「ＳＯＬＡフラワー……」

「真っ白だから、色はつけやすいんです。紙のような材質で、色素をうまく吸い込みます」

未完成のその白い花を見て、そして花びらを触ったとき、脳裏に閃きが走りました。これに色付きの香料を吸い上げさせたらどうだろう。まさに「香りを見て取れる」ものとするのです。僕は探し求めていたピースとようやく出会えた気がしました。

しかしすぐに問題があることにも気づきました。花に加工して糊がついていると、その部分は色付きの香料が吸い上がらないのです。

ならば木綿糸でくくったらどうだろうか。日本から木綿糸を持ち込み、アルミのワイヤーを入れて、内側から色づき、徐々に花が開いてくるようにしたら。そう、香りの花を咲かせるのです！

我ながら良いアイデアだと思ったものの、そんな手作業も必要な非効率的な仕事を、いったいどこが引き受けてくれるでしょうか……。

僕はタイの工場を何社も回り、その仕事を引き受けてくれる先を探そうとしていました。

「そんな値段で、とてもできない」

「そんな細かい仕事を突然頼まれても、とても時間的に間に合わない」

断られ、断られた末、最後の最後に、一社だけ、女性社長の会社が引き受けてくれることになりました。

「雑草とはいえ、サノエはアユタヤの自然の一部です。私は自然の恵みで育ったのですから、その自然が活かされるのを見るのはうれしい。自然のすばらしさを伝えるためにも、やりましょう」

女性社長はバラポンさんといい、アユタヤの生まれでした。

「アユタヤは川に囲まれた街。子どもの頃、カヌーで学校に通ったんですよ」

そう笑顔で語ってくれた彼女に、僕は心のなかで手を合わせました。彼女にはもちろんのこと、タイの自然の恵みすべてに感謝したい気持ちでした。

僕には、「恵み」という普段は目に見えないものが、見えた気がしたのです。

「ありがとうございます。命を賭けている企画なんです」

僕は深く頭を下げました。アユタヤの夕暮れの光が、僕の心にも一筋、射したような気がしていました。そしてバラポンさんとの奇跡的な出会いのなかで、新しい香りの名が思い浮かびました。

「アジアン・フラワー」

穏やかな時間が流れていた、古都アユタヤの地。川に囲まれた瑞々しさのなかで人知れず咲く気品のある花々。気高く、清く、そして優しく。そんな彼女に捧げるフローラルブーケが、出来上がりました。

## 誇りのための闘い

サノエでできた白い花は、香りに満ちて、たくさんの日本の部屋で咲くこととなりました。商品は、量産はできないものの、だからこそ評判にもなりました。そして爆発的なヒット商品となったのです。

販売するにあたって社員や取引先は「高くても上代（小売価格）は１０００円を切ったほうがいい」と言いました。しかし僕は「１８００円」という値段で押し切りました。そしてこの例が、香り雑貨業界全体の値段の底上げにもつながっていきました。おかげで売上はV字回復し、文字どおり起死回生の一打となったのです。

少し落ちついた頃に、都内に住む会社員女性が、こんなブログを書いてくれました。

「……上司に叱られてつらかったとき、友達が白い紙のようなものでできた花をくれました。液体の入った瓶に挿して1週間ほどすると、その液体の色を吸い上げて、ピンクの花が咲き、薔薇の香りがしました。その香りに、涙が出ました……」

その投稿がきっかけとなり、さらに商品が売れるようになりました。

しかし、売れれば真似する人が出てくるのはこの世の常であり、ヒット商品にコピー商品は付きものです。3年後、それが現れました。競合他社がコピー商品を出してきたのです。

ある日、営業担当の女性が泣きながら帰ってきました。事情を聞くと彼女は涙をぬぐいながらこう訴えました。

「取引先のバイヤーさんから『コピーしたのはお前らだろう』と言われたんです。悔しくて。うちが最初なのに」

彼女の悔しさは単に売上の問題などではありません。商品を作り出し、顧客の手元に届け、喜んでもらえる、という僕たちの仕事に対する「誇り」の問題なのです。

もちろんそれだけでなく、コピー商品の蔓延によって会社の信用も低下し、実際、１億円以上の年商が減ってしまいました。

ついに僕は、初めて訴訟を起こしました。実用新案を巡って相手の会社４社と徹底的に闘うことを決意したのです。当時、知的財産権に関する訴訟は大阪ではなかなか前例のない案件らしかったので、舞台は東京の高等裁判所へと移り、僕も東京まで何度も足を運びました。その分、弁護士と弁理士の経費も余計にかさんでいきました。

ドラマの『下町ロケット』では特許権を侵害された町工場が大逆転して勝訴

していました。しかし現実はそううまくはいきませんでした。

実用新案は先に出したところに優先権があり、登録は先に済ますことができます。それは当初から知っていましたので先に押さえてはいたのですが、新規性があるかどうかの判断が重要なのです。実際にその評価を決定づけるためには、登録されたその時点にさかのぼって、世界中を捜索しなければならないのですが、裁判所は評価査定の申請がなされない限り隅々まで調べることはしません。ですから、裁判にかけると決めてから、評価査定を申請するのが定石なのです。それまで他社の追従を抑止できるからです。闘ったものの、結果は1勝2分け1敗。しかも評価査定の結果、取れるはずだと言われていた特許への変更申請も覆されてしまいました。

世界の片隅に同じようなことを一歩先に考えていた人がいて、その証拠を出して闘えば、覆ることもあり得るのがこの実用新案の不確かなところなのです。

しかし、コピーした会社は裁判に勝っても、僕の会社を訴えることはしませんでした。

一社だけとはいえ裁判には負けましたが、これだけは胸を張って言えます。なんといっても、サノエの花を香り高く咲かせるために、バンコクからアユタヤへと、走り回って工場に頭を下げ続けたのは僕なのです。

その経験は、決して誰にもコピーされることはないのです。

Episode 4

# the Color of Ancient City

## 古都の色は、悠久の時の香り

# 香りがつないでくれた友

東京から京都に戻って数年が過ぎた頃、僕は改めていくつか原点になることを考えました。

——雑貨ではなく、より自分がつくるものにシフトすること。

——そして、モノづくりから、人に手渡すまでを生業とすること。

すぐになにかができたわけではありません。だからその時の静かな時間の流れも、まるで無駄なように思えていました。

しかし、そうではなかったのです。大石神社の近くの店によく来てくれていたお客さんの夫が、後年、僕のビジネスパートナー、いやかけがえのない友となったのです。

それは２０１６年のことです。濱中保通は、雑貨の会社を定年になり、立ち上げた自分の会社は諦め、僕と一緒にやってくれることになったのです。

彼とは、百貨店や販売店、何社かでコラボレーションする雑貨ショーの企画で一緒に仕事をしたこともありました。東京・六本木のAXISや、京都産業会館、今の京都経済センターの場所でもやったことがあります。

一緒に音楽の話や海外カルチャーの話をし、大変だった時代のことや、いろいろな話をフランクにできる友人でした。

「B to Bより、もうB to Cでやりたいね。つくったものを、直接、お客さんの手に取ってもらう、そこまで責任をもちたいよね」

ほの暗く落ちついた雰囲気のバーの店内には、ジャズの名曲「サマータイム」が静かに流れています。カウンターに並び、僕は彼に、長年抱いていた想いを打ち明けました。それは誰にでも言えそうに思えても、本当に信じられる人間にしか語れないことです。

「例えば、このアルファベットシリーズ（A、B、Cの文字ごとに連想される言葉から、一つずつオリジナルで調香したルームフレグランス。Sなら「Star Dust」と名付ける）もね、26種展開を考えても、卸だったら、売れそうな3種から5種でいいと言われてしまう。自分の表現する香りの提案を完全にはできない。もっと全部を分かってもらう小売りを展開したい。僕の香りのファンを増やしたいんだ」

スコッチウイスキーと煙草の香りが入り混じった空間で、熱く語る僕の話を、濱中はグラスを傾けながらじっと耳を傾けていました。そしてこう答えてくれたのです。

「うちの妻が、山科のお店の頃から、髙木さんのセレクトのファンだったんですよ」

僕にはその言葉が何よりうれしく思えました。

お互い30歳ぐらいから知ってはいるけれど、仕事の話になったのはここからでした。それまでは、近い志をもつ同志のような存在でした。出張先の香港や、タイでも飲んでよく語り合ったものです。

そして一緒に仕事を始めてからも、海外での珍道中は彼とでした。チェンマイで、革のジャケットをホテルに忘れ、現地の仕入れ先の娘さんにタイ航空のドメスティックで上着だけ運んでもらったこともありました。香港ではちょうどすごいデモの真っ最中で、それでも店で踊りまくっていたら、お土産を忘れてそのまま盗られてしまったり。

遊び仲間のようでいて、押さえてくれるところは押さえてくれる。それが彼のすごいところです。彼のおかげで、新規の仕入れ先や他業界への販路も広がりました。そしてなにより彼を信頼できるのは、日本における「雑貨」の魅力の始まりを知っているということです。

今の人たちは、生まれた時からありとあらゆる雑貨があります。誰かが選んだセンスのあるものがあります。しかしその最初のセンスとは、誰のものなのでしょうか。

僕たちが成人に近い頃、東急ハンズやF.O.B COOPやオレンジハウスができました。VAN JACKETやJUNなどのアパレルと同じように、雑貨業界にもその先駆的なオピニオンリーダーが出現し始めていた頃でした。

その頃から、次の時代を知り、今を一緒に学ぶ。

まさに雑貨業界の黎明期とその先達を僕たちはリアルに見てきました。そういう付き合いが、濱中と続いているのです。

多くの場合、いわゆるビジネスパートナーとは、利を分け合うものと見られているかもしれません。でも、濱中と僕はもっと違うところ――心底楽しいとか、突き止めたい美とか、そういうところでつながっている気がします。

それは利よりも、尊くて深い。

この仕事に命を賭けてきてよかった。この世に生まれてきてよかった。そう思えるような一瞬を、共有できる仲間を得ること。ビジネスにおいても、また人生においても、それはとても大事なことなのです。

## 出会いを引き寄せる良い状態の自分でいるということ

人と人が出会う日常には、常に人生の分岐点が隠れています。

残念ながら出会ったすべての人と関わることは難しく、またお互いに関わる必要を感じていないことも多いです。

すれ違った見知らぬ人に声を掛け続けることなどできません。しかし、その見知らぬ人から声を掛けられることもあります。例えば道を尋ねられる場合など。「袖すり合うも他生の縁」という諺《ことわざ》があるように、そこにはすれ違う以上の縁があるのでしょう。

すべての出会いには未来につながっているシナリオがすでに存在しています。どこを選ぶかによって未来は違ったものになっていきます。当たり前のことだからと無視してはいけません。その出会いが人生を変えてしまうのですから。

またこうなりたいという願いが、ある出会いを引き寄せることもあります。それは願いにも波動が起こるからです。その周波数をキャッチした人が引き寄せられてあなたに近づく。良い周波数を発していればそこに合う周波数をもつ人が集まってくるのです。そしてあなたは人生の重要人物となる人と巡り合うかもしれません。

これまでに僕が出会った人間、しかもこの人生に勇気と希望をもたらし、大切な関わりが続いているという意味で、もう一人、忘れてはならない人物がいます。

二井康夫——大学1年生の頃、同じ大学の軽音楽クラブで知り合い、ジャズのビッグバンドで一緒に演奏した仲間です。僕はちょっとした訳があってビッグバンドからは離脱し、気楽な少人数のコンボでベースを弾いていました。

卒業後、彼は大手製薬会社に就職が決まり、僕は商社へ入りました。その後はほとんど付き合いもなく、このまま縁も薄れてゆくのだろうと思っていました。

僕が商社を辞め、職を転々と変えた挙句に京都で店を出した頃でした。広島出張の時だったのか、彼が突然店にやってきたのです。彼は買わなくてもいいような商品を2つ3つレジに運んで、当たり前のように支払ってくれました。そこから彼との付き合いは深くなり、かれこれ45年ほどにもなります。

僕の会社が紆《う》余《よ》曲《きょく》折《せつ》を繰り返していたその節目、節目に彼はやって来てくれました。20周年を迎えたパーティーにも参加してくれ、30周年パーティーには、盛り上げ隊としてホテルの会場を沸かせ、灼熱のセカンドステージを仕切ってくれたのです。

彼は2023年3月に40年以上勤め上げた会社を退職しました。子会社の社長にもなって、本社には役員として迎えられたほどの男なのに、物腰は柔らかく、まさに竹のようにしなやかでそれでいて強い節をもった人間なのだと思います。

新人の頃の話を聞けば、役員にまで上り詰めたその訳は納得がいきました。彼は、自分には才能がないから、人がやりそうもないことをやったといいます。大学病院の先生のデスクに毎朝、ヤクルトを置いて回ったというのです。

こんなこともありました。僕の京都の店に立ち寄ったときに、自宅で食べさせた醍醐の豆腐がおいしいからと、その店の主を紹介してくれと言ってきたのです。

僕は彼と一緒にその豆腐屋へ行きました。すると彼はファクスの機器を店主に送り、毎月驚くほどの注文を流したのです。ちょうどヤマト運輸のクール宅急便が営業し始めた頃でした。

彼の思いのすべては、諸先生方に食べてもらいたいというその一心でした。そういう彼の人柄についての評判は自然と広がっていき、先生方からもかわいがられたことはいうまでもありません。

その水一豆腐は、僕の自宅からも近い醍醐にあって、醍醐の湧き水を使っています。豆腐の味を決定づけるのはなんといっても水です。ここの湧き水は、水本来がもつ清浄な味と香りに満ちた「いのちの水」といってもいいくらいだと思います。

2023年の1月3日、彼は奥さんと一緒に京都へ遊びに来ました。僕は、今までの長いサラリーマン人生にピリオドを打つ彼と彼の奥さんへ、感謝を込めてあるサプライズをその宴席で仕掛けました。ほかの客にも構わず大きな声で彼と奥さんへの表彰状を読み上げて手渡したのです。

彼の奥さんも、恥ずかしそうに微笑んで受け取ってくれました。

人生において友人との付き合いはとても大切です。利害関係がない友と過ごす時間は人生を豊かにしてくれます。おそらくどちらかが死ぬまでこの付き合いは続いていくのでしょう。いや続いていってくれることを心から願います。

長く深く付き合える彼のような友人は、本当に宝物です。友人の数の多さを自慢する人がいるかもしれません。でも僕はそんなにたくさんの友人はいりません。友情は量より質なのですから。

## 東香流の明日

友に恵まれてきた僕はまた、師匠にも恵まれてきました。調香の師匠である大久保清光先生は、セラミックの玉に香料を染み込ませたものを使うという独特の調香をされていました。その技法を受け継いだ僕は、東香流をより発展、進化させていく役割も背負っています。

あるとき、ビーズを使った調香の話を東急ハンズの担当者にしたことがありました。彼は「それはポプリのように置いておけば芳香剤になる」と言い出しました。「ブレンドもできますか」という問いに僕は「もちろんです」と答えます。

それがきっかけで今度は西宮阪急百貨店が声を掛けてくれ、「ロタンダショップ」というセレクトコーナーで扱ってくれるようになりました。そしてそこで調香の教室もやらせてもらうことになったのです。

生徒たちは皆周辺に住む美意識の高い奥さまたちで、熱心に僕の説明に耳を傾けてくれ、また勉強にも励んでくれました。教室にはさまざまな香りが満ち溢れ、生徒たちの笑顔が輝いています。

ああ、これって「しあわせの香り」なのかもしれない――調香の指導をしながら、僕はなんとなくそんなことを思っていました。香りのおかげで生徒たちも僕も幸福な時間を過ごすことができる。香りが人の心と人生を豊かにしてくれることを実感できたすばらしい機会でした。

そうこうするうちに、僕は「もっとこの香りのビーズの芳香が持続するようにはならないのか」と考え始めました。自分のなかの職人気質がむらむらと湧き上がってきます。昔と同じように、考えたことをすぐにやってみたくなるのです。

やがてけし粒大の吸水性ポリマーに水を浸すと２００倍に膨らむことに目を

付けました。そこに香料と色粉を混ぜ、ルームフレグランスとして売り出すことに成功しました。

さらに特殊な樹脂に香料を練り込む技術も開発し、その完成形が【ソリッド・パフューム】といいます。

少々専門的な話になりますが、香料と樹脂の相性が悪いと固形化はできないため、樹脂成分の配合も変えながら、何百種、数千種とある香料との相性を試さなければなりません。それには天文学的な数の試行が必要であり、おそらく社長の趣味だと社員たちもあきれていたと思います。

開発期間は経営困難だった時期も含めて足かけ20年。ものづくり補助金を得て特注の機械を2台開発したことで、調香学習用の香りのビーズは飛躍的に良くなりました。芳香期間のテストでは3年持続するものもできたのです。

この技術によって、多くの家庭に香りの花を咲かせることができました。そして多くの人々にやすらぎの香りを届け、穏やかな時間と空間を楽しんでもらえるようになったのです。

一方で僕はまた、「香水は液体状のものを指す」という固定観念を打ち砕きたいと思いました。液体である香水は、以前から海外へ輸出する際に壁に突き当たっていました。それは低い温度で燃えてしまうため危険品として扱われてしまうからです。せっかくの注文にも応えられず、ずいぶんと悔しい想いをしてきました。

しかしもし固形化できれば調香もたやすくなります。識別できるように各レシピに色を付けるのです。液体の調香では後戻りができません。間違って入れ過ぎてもそれだけを取り出せないのです。しかし個体であれば、足し算も引き算も可能となります。

僕はこの開発に20年もの歳月をかけてきました。しかし残念ながらこの価値を認め、飛びついてくれる人はまだまだ多くはありません。あとはこれをどう広めてゆくか、諦めずに進むしかないと、僕はそう思っています。

## 心の休息所を求めて

僕は調香師であると同時に会社の経営者でもあります。どちらも時と場合に応じて使い分けてはいますが、経営者としては少し変わっているのかもしれません。会社のことも調香のように考えているようなところがあります。

経営は常に利益との戦いのように見えます。しかしお金のことばかり考えていると、すべての発想が貧弱になってしまいます。理論と感情という、その二極のスイッチを切り替えながら、なるべく俯瞰して物事を考えることが必要なのだと思います。

そのためには、自分だけの落ちつく場所をもっておくべきです。

長く営業マンだった父も「城に上がる習慣をつけると、戦国武将の気持ちになれる」と言っていました。なるほど、戦国武将は天下国家について、あるいは戦の戦略について、俯瞰してもの思うために天守閣から見下ろしたのかもしれません。

僕の場合は、左京区岩倉幡枝町《いわくらはたえだちょう》にある圓通寺《えんつうじ》あたりにふらっと出かけています。比叡山を借景にする庭園で、近代建造物に邪魔されない風景です。

観光客が少ない平日の朝早く、あるいは閉館ギリギリに、または嵐の日など、自然と貸切になれる時間を狙って見に行きます。特に日差しが苔の色をだんだんと変えていくのを見ると、心が落ちついていきます。

新緑の季節。平庭式枯山水《かれさんすい》を前にして、朝もやのなか、比叡山のその稜線が微かに見えます。昨夜の雨で濡れそぼっていた杉苔と星苔が、やがて朝日に照らされその輝きを増していきます。鹿威《ししおど》しの竹の乾いた音を合図に、鳥たちが一斉に木々を離れます。寺の古木の香が心に染み入る瞬間……。

僕は「ジャパニーズ・ガーデン」という香りを生み出し、その感覚を表現してみました。愛する心の休息所に対するささやかなお礼の気持ちもあったかもしれません。

あるいは手っ取り早く、コーヒーの香りを嗅ぐことで、心を落ちつかせることもあります。コーヒーの良い香りは、日頃忘れているゆったりとした時間の流れを思い出させてくれます。

例えばレトロ喫茶の奥のテーブルに席を取り、静かなＢＧＭに耳を傾けながら、ふと学生時代やサラリーマン時代、彼や彼女との甘い思い出などに浸ってみる。あるいは小説や映画の世界に想いを馳せてみる――そんなひとときもまた心を落ちつけることになるでしょう。

京都では「スマート珈琲店」という喫茶店が好きでしたが、最近ではすっかり行列のできる店になってしまい、一つ居場所を失ったような寂しさも感じます。

## 考えた先に答えが見える

距離の移動は、僕にとって発想の源です。じっとしていたら、なにも生まれません。だから僕はよく海外へと出かけていきます。

展示会への出展も多く、これまでにニューヨークで2回、パリの「メゾン・エ・オブジェ」に4回、上海のギフトショーに1回、香港のインターナショナルギフトフェアに6回出展してきました。

南仏には原料会社もありますし、ヨーロッパにも頻繁に訪れています。そのほか、自分を見つめるためにアフリカにも旅してきました。

僕は世の中の事情が許す限り、海は越えてみるべきだと思っています。

コロナ明けには、少し無理をしてフランスへ出かけました。香料会社のあるグラースでは一面紫色に覆われたラベンダー畑だけでなく、僕がこよなく愛するオレンジの街並み。そして花の都・パリ。

パリでは、マドレーヌ寺院の神父さまともお話しできました。まったく異業種の方なのに、なぜか通じるものがあると話が弾んだのを覚えています。

そんな出会いも旅ならではのものです。

今までは見ず知らずで、しかも何千キロと離れた場所の人と、心が通い合う。

「そんなこと、ネットでもできますよ」と言う人もいるかもしれません。

でも実際に会う、目を見る、握手する、ともに何かを味わい、香りを嗅ぎ、生の声を聞く。それが及ぼす人としての化学変化はネットでは不可能なのです。なによりネットでは決して香りを感じることはできないのです。

インターネットやAIの普及など、確かに便利な世の中にはなりました。しかしそれと引き換えに失ってしまったものもあると僕は思います。

かつてコンピューターがとても一般人には手が届かなかった時代には、さまざまな問題に対する答えは簡単には見つかりませんでした。しかし僕たちは時間をかけて、悩んで、そして考え抜いていました。

これまで僕はいくつもの窮地を乗り越えてきましたが、「こうすれば乗り越えられる」というノウハウなど持ち合わせていません。そのときそのとき、ただやってきたことは、考えて、考え抜いた、ということだけでした。そして「最良の決断は、考えて考え抜いた先にしか、ない」ということだけが分かったのです。

便利になった今の時代には、答えは検索を繰り返して手に入れることができるかもしれません。でもそれは本当の答えなのでしょうか？　パソコンや携帯で検索すれば何でも事足りると思うようになった僕たちは、答えを探し求めることを大きなストレスだと感じています。

検索すれば、悩む前に時間をかけずにほとんどのことが解決できると思っています。しかし、それと引き換えに悩む心は置き去りになってしまいました。論理や理屈では解決することのできない心の問題だけが取り残されたのです。

そもそも悩みは努力なくして、時間をかけずしては解決できないもののはずです。自分自身で悩んだその時間と考え抜いたその過程を経ることによってのみ、人は成長し夢の扉を開く鍵を見つけることができるからなのです。

人間はいったい何を得て、何を失ったのでしょうか？　その答えすらもネットで手に入ると思ってはいませんか。

僕と仲間たちは時間をかけて、悩んで、そして考え抜いた。その過程こそが実は最も重要なことだったのだと今は思っています。

## 心の居場所を取り戻す

とはいえ、悩め、考えろ、と言われても頭がなければ考えられません。しかしもう一つ大切なものがあります。それは心です。

現代社会において僕らは、心を置き去りにしてきたのかもしれません。頭で考える理屈というものにとって、心は邪魔者だとされてきたのです。

それは国の法律とか社会の規律とか会社の規則といった、あらゆる規制が人の心を基準にしたものではないからです。僕らはその大義名分に縛られて、知らず知らずに頭だけを使おうとするようになってしまったのです。

そして心は居場所をなくしました。

僕らはそういう意味において、人間らしい人間でなくなってしまったのではないでしょうか。頭と心が分離されていては、もはや人間ではなくなってしまいます。そうならないためにも心の居場所を早く見つけてやらなければなりません。

心の居場所を見つけるためにはいくつか手掛かりとなるものがあります。

僕が扱っている「香り」もまた、心を取り戻し、豊かな人生を送るための鍵となるアイテムの一つだと思います。

僕の母は、僕が生まれてしばらくしてから仕事に復帰しました。幸い家には祖母がいたので、弟が生まれるまでは祖母に面倒を見てもらっていました。幼稚園に連れて行ってもらうのも、お迎えもいつも祖母でした。

幼かった僕はやはり寂しい想いをしていたのだと思います。それは、洋服箪笥にかかっていた母の服を両手に持って、頭からそれをかぶり、母の匂いを嗅いでいた時の記憶があるからです。

子どもがそういった行動を起こすのは、母の匂いを嗅いで安心が得られることを本能的に知っているからだと思います。

日本ではあまり一般的な言葉ではありませんが、タリスマン（お守り）は、幸運をもたらすものとして、身につける人を守るといわれています。16世紀初めに誕生したムガール帝国の皇帝から現在に至るまで、文化や時代を超えて信じられてきました。もちろん、日本でも数多くの神社仏閣で授けられるお守りの種類は数えきれません。

心と同じように、香りは目には見えません。しかし心と同じように間違いなくそこに存在しています。そしてその香りは忘れかけていた記憶を連れてきてくれます。それが楽しい思い出や幸せな瞬間や、安堵感を得られた記憶であればなおさらのこと、その匂いを嗅ぐことで心が落ちつき、前向きな気持ちにさせてくれるでしょう。

これは置き去りにされていた心の居場所をもう一度見つけ出すためには、とても有効な手段の一つだと思います。そういう意味でも、香りは僕たちにとって頼りがいのある、最強のお守りに違いありません。

あなたにとっていちばん大切な香り。それはきっと、あなたを勇気づけ、母のような無償の愛で心を包んでくれるような香りです。あなたの好き、を見つけましょう。それはきっとあなたの遠い記憶と結びついていたものなのかもしれません。

そしてその香りが、きっとあなたを成功へと導いてくれるのです。

## 物語から生まれる価値

目に見えない「香り」をなくてはならないものと位置付けるのには、それ相応のブランディングが必要になります。しかしパッケージのデザインだけが美しいとか、高い材料を使っているといった通り一遍の表面的な理由だけでは、人はそこに「ブランド」の価値を認めてはくれません。

誰が、どんなふうに、その品物をプロデュースし、その背景にはどんな物語があるのか。また、それをプロデュースしている人、チームはどんな人たちなのか……。

おそらく、ブランドというものは、一朝一夕に生まれるものではないのです。そこには然るべき物語が必要であり、しかも、たゆたうような時間をかけて、自然に生まれる物語こそが望まれているのです。

「ブランディング」というものを考えるときに、これからの社会に必要な判断基準となるものは「美しい」か「醜い」かではないでしょうか。

生きてゆくにはお金は必要ですが、すべての事柄を損得勘定で考えていては有意義な人生は送れません。人生の目的が人より多く儲けることだと思っていては、とうてい幸せな人生ではないでしょう。また人生の目的を真剣に知ろうとせずに人生を送ること自体、とてももったいないことでしょう。正しいか間違っているか、そういった考え方ももはや不要だと思うのです。

儲けよう、という商品を考えていては、人に愛されることはないし、長続きもしません。今の世の中、安かろう悪かろうで残っているモノなど一つもないのです。

誰が見ても美しいと感じるもの。

美しさを放っているもの。

そういうものが「ブランド」の本当の意味をもつのです。

美しいか、醜いか、それを見極めるには心を磨き、感性を磨くことが大切です。それは決して難しいことではありません。あらゆるヒントは、日常の生活のなかに落ちているのです。

感性を鍛えて気づきの習慣をもてば、至るところにヒントが隠れていることに気づきます。もし見つからないとすれば、それは気づきが足りないからかもしれません。

声なき声を聞き、見えないものを見る。日々起こる出来事の因果をひもとく。自分にとって良いことも悪いことも、そのなかに教えがあることに気づきさえすれば、必ずどこかでつながっているのが分かります。それをどう活かすかは個人の感性次第なのです。

その感性と想像力を育てるには、まず心を磨かなければなりません。心が曇っていたら手掛かりさえもつかめないのです。心を磨くとは、五感を研ぎ澄ますことです。

見る。聞く。触れる。味わう。嗅ぐ。

そして自分が出会う一瞬一瞬を大事にすること。

もっと見る。もっと聞く。もっと触れる。もっと味わう。もっと嗅ぐ。

次の物語がそこから動きだすに違いありません。

## 「かわいい」信仰と目利き

目利きという言葉には2通りの意味があります。

一つはこのブランド品は本物なのか偽物なのかという見識を指す場合です。

この場合には、経験則に照らし合わせた技術的な見極めの力を意味しています。

しかし本来の意味合いは、そこにある美しさの本質を見抜く力という解釈のほうが正しいと僕は思うのです。では、どうすれば本来の目利きがあるという意味の力をもつことができるのでしょうか?

雑貨業に携わって、雑貨を愛した人であれば、そこにある魅力や無形の価値を自然と見極めていることに気づきます。雑貨とは、文字どおり多種多様の品物を意味します。家を逆さまにして、下に落ちるようなものはすべて雑貨のカテゴリーです。

キッチン雑貨、インテリア雑貨、ファッション雑貨、化粧雑貨、文具雑貨というように、特定された品目ではなく、そこに従属するような関連品を含んだすべてとでも呼べます。

とにかく雑貨の範疇はとても広く、ジャンルが特定できないものには、バラエティー雑貨というタイトルまで付いているくらいです。何が良くて何が良くないのかの基準自体もありません。何が違うのか、何にその良さを感じるのか、それを正確にとらえて表現することは、意外にも難しいのです。僕の会社のデザインスタッフをはじめ、特に女性たちはどう表現するのかというと、一言、こうです。

「かわいい！」

この「かわいい」のなかにすべての魅力や、価値を表現しているのです。僕の会社のスタッフのみならず、取引先のバイヤーたちでさえ、「かわいい」「かわいい」の連発。

どうしてそんな一言で済ませられるのかが、僕には当初理解できませんでした。気持ちは重々分かっているのですが、僕らが「カッコいい」と思うものでさえ、「かわいい」のです。

最近では、この「かわいい」という言葉は、とても多種多様の美の意味合いをもっている言葉として理解するようにしています。極論を言えば、「かわいい」の一言で良いと思うようになりました。それが美意識の始まりであって、審美眼を磨くための序章となるからです。

僕が若い時に、先輩たちや先生からよく言われたのは、本物を鑑賞するということでした。絵画でも、音楽でも、小説でもいい。とにかく、名画、名曲、名著だといわれているものを……。

例えば、名画だけに精通していても目利きはできないように思います。広く浅くでもいいから、繰り返し、何度でも、いろんなジャンルの作品に親しみをもって接する機会を増やすことが大切だと思うのです。それは、経験的かつ技術的な知見を超えて、どのジャンルにも共通する美の神髄を発見することだと思うからです。

そもそも美とは、言葉では簡単に表現できないものだし、具現化できないものなのだから。その共通項を探って答えにたどり着けばそれでいいのです。

## 引き算の美学

美というものについて考えるとき、日本の美と西洋の美にはある点で大きな違いがあるように思います。日本独特の美のコンセプトをあえて一言で表現するなら、「無」という言葉がふさわしいのではないでしょうか。

例えば枯山水には、水がありません。ないからこそ水の流れやその宇宙観をも鑑賞できます。「侘び、寂び」という言葉にもその無常観があります。

僕たち日本人は、子どもの頃からその美意識のなかで育ってきました。ないものを観るという概念は、外国人にとっては、とても難しいことだということも、実際に京都を案内していて体験してきました。

例えば、お寺に入って襖《ふすま》絵を見せた時、松と松の間に大きく空いた、白紙の部分――その間に本当は意味があるのですが、外国人から見れば物足りないというニュアンスになってしまいます。間をとる、空白をつくるからこそ、そこにあるものを見つめようとする姿勢が生まれるのです。

詩でも和歌でも、小説でも同じです。行間を読むことで、詩情が生まれ、僕たちはそれをそのまま享受できます。それは理屈ではなく、感性でとらえたものなのです。

茶の湯もまた同じです。千利休が生み出した侘茶の場合、茶室には豪華な装飾などいっさいなく、限りある命である人間が対峙していながらも、それでいて悠久の時間が存在しています。いっさいの虚飾をそぎ落とし、無の境地こそが美しいとする日本の美学がそこにあります。

それは日本独特の引き算の美学なのだと思います。それに対して西洋は、一つひとつを積み上げて足してゆくという、計算されつくした美が最も好まれるのです。

和洋の美意識の違いは、調香にも当てはまります。

フランスの調香師たちは、単体香料を丁寧に吟味しながら積み上げてゆくのが定石ですが、日本の調香は少し考え方が違うように感じます。

専門的な話になりますが、例えば単体香料を一つずつ積み上げてゆく調香方法のことを単香法といいます。それに対して、あらかじめ複数の香料でブレンドされ、完成されたもの同士を掛け合わせる調香のことを複香法といいます。

単香法の場合では、一つ積み木を外すとすべてが崩れ落ちてしまいます。ところが複香法の場合は、一つの複香を抜き取ってもその直前の状態に戻るだけです。しかしこれはどちらが優れているかという問題ではありません。フランスの調香師のスタイルは、僕が知っている限り単香法によるものです。僕らはその両方のいいところをとらえるように心掛けています。

つまり、一つ言えることは、足し算だけでは日本人の美意識に適うものにはならないということです。必ず、引く。引き算であり、とことんまで削り取ってみて完成させることが重要なのです。

それは日本料理にも同じことがいえます。素材のうま味をとことん引き出すために余計なものは入れない。それに反して西洋料理ではソースを足すといったように、何かを加えて価値を見いだすのです。


とはいえ、もちろんフランスや西洋の調香師のなかにも、この引き算で調香をする人はいます。

僕の尊敬している調香師の一人にジャン゠クロード・エレナさんがいます。彼は17年間もの長きにわたって、エルメスの専属調香師でした。

エレナさんは、調香師のなかではミニマリストだと評されていますが、それはあくまで調香のスタイルがシンプルだということであって、俗にいうミニマリストを目指したわけではないのだと僕は思います。

その彼が師と仰いだ先人に、エドモン・ルドニツカという調香師がいます。彼には『香りの創造』という名著があります。ただ化学を少しでも勉強した人なら、なんとか理解できるでしょうが、調香の仕組みやその理論的な話は非常に興味深くて難解なものです。彼を一躍有名にしたのが、1956年に発売されたディオールの「ディオリッシモ」。彼が造園した庭に咲いていたスズランの香りをモチーフにして作られた香水です。

この香水が出るまでは、数百種類の香料を調合するのがパフュームの世界では通例でしたが、ルドニツカは30～40種類の香料で作り上げたのです。おそらく最初にミニマルな調香スタイルを提唱した人物がルドニツカなのです。

エレナさんもルドニツカからいろんな見識を得ています。生前にはお付き合いもあったそうで、うらやましい限りです。そして、興味深いことには、このルドニツカの自慢の庭園には、イタリア式、フランス式のみならず、日本式の庭園も造られているといいます。

ひょっとしたら、ゴッホやモネが日本に憧れをもって模写した浮世絵や墨絵などに代表される第一次ジャポニズム、第二次ジャポニズムの頃の名残や憧れが、まだ脈々と続いているのかもしれません。

## 京都の四季「cotoiro」

僕が「cotoiro」という香りのブランドを立ち上げたのは、もちろん、自分の生まれ育った京都の四季の一瞬一瞬を、香りにしておきたいと思ったからです。

僕の父方は、茶釜を作る職人の家の分家でした。本家は三条通に近い釜座という通りに店を構えています。初代・高木治良兵衛は１８２８年生まれ。大西清右衛門と並ぶ、２大茶釜師と言われていたようです。

僕の父は18歳まではその職人になろうと修業していました。しかし、太平洋戦争のときに武器のための鉄の供出が始まり、間もなく廃業せざるを得なくなりました。そんなふうに分家は途絶えてしまいましたが、本家は今も続いています。今も砂から型を作る在来工法なのだそうで、古式に則るところが髙木の家らしいと思います。祖父も、父も、真面目一徹で愚直。口数の少ない男でした。

いつ頃だったかは忘れてしまいましたが、どうして哲《さとし》という名前を僕につけたのか、父にその理由を尋ねたことがありました。

「哲という名前は、口を折ると読めるだろう。余計なことは言わない。軽々しいことはしゃべらない、という意味だ」

父の答えに、なるほど、とそのとき僕は思いました。しかし母からは、4月8日生まれでお釈迦さんの誕生日と同じだから哲学の哲とつけられたと、そう聞かされていました。

父方はそういう家ですから、そちらの祖母は哲学めいたことを言うおばあちゃんで、幼稚園に入るか入らないかという年の僕に禅寺の庭を見せたりもしました。

「哲ちゃん。殺生はしたらあかんで。人の嫌がることはしたらあかん。人のためになることをしなさい」

そんな仏教の教えに基づくようなことをよく聞かされたものです。

父方の家は１５０年以上経った町屋で、とにかく真っ暗な家だという子ども心の記憶があります。

格子戸を開けると、石の三和土《たたき》があり、入るとおくどさん（京都の方言で「かまど」のこと）と井戸がある台所。そこから、奥の庭へとつながっています。母屋へ入ると、表座敷、中の間、台所、奥座敷、渡り廊下から、厠《かわや》、つまりお手洗いへ。

その渡り廊下は15メートルくらいあり、子どもの頃に、真っ暗な庭の脇の廊下をみしみしと通って、一人でお手洗いへ行くのはとても怖い思いがしました。

ほかにも庭の松の木に登って叱られたこともありました。きっと僕には祖父や父のように真面目ではない要素があったのでしょう。

一方の母方は、雅《みやび》な人たちが多くいました。五条馬町の日本画家の家で、祖父には2つも3つも家がありました。母は子どもの頃「2階から、お父さんが女の人と馬車に乗ってはるのを見た」と言っていたくらいです。

母方の祖母は、竹久夢二の絵から抜け出てきたような人でした。また先祖の描いた絵は、戦中、戦後に売ってしまったようですが、煌《きら》びやかな襖絵や屏風絵がたくさんありました。そして僕の母も、多趣味で絵の才能があり、手芸、水彩画、ちぎり絵など、いろいろな美しいものを作っていました。

そんなふうに思い起こすと、僕のなかには職人の融通の利かなさと、突拍子もないことをやり始める画家の要素が、ちょうど半分ずつあるような気がしてきます。

鮮やかな彩色の絵の世界とは裏腹に、近くにあるのは神社仏閣のモノトーンの世界でした。

初めて六波羅蜜寺《ろくはらみつじ》に連れて行かれたとき、空也上人《くうやしょうにん》立像の口から阿弥陀《あみだ》が出てきているのがとても恐ろしかったのを覚えています。すべての仏像が、モノトーンで怖い顔をしていました。子どもの僕は、その夜、モノトーンの像を夢に見て、うなされたのでした。

京都の寺社にある絵や仏像は、作られた時は極彩色だったかもしれませんが、歴史とともに影のように黒くなっていました。そのせいか、僕は色があること、色のある美しいものに憧れるようになりました。

初めて「都をどり」に連れて行ってもらったのは、10代の頃だったでしょうか。

その艶やかさ、青でもピンクでもひと色違う、京ならではの発色。円山公園の枝垂《しだれ》桜の濃いピンクは、一見、着物にして着られるようには思えません。けれども、水色とそのピンクを合わせると、なんとも艶やかで、新人舞妓さんの発するエネルギーに映えるのです。

桜の枝を持って走る彼女たちは、まるで春を連れてくるようです。

それは京都の自然から出てきた色合わせ。

はんなり。しっぽり。まったり……。

それをまた言葉に表すこともできる。

――では、香りに表したらどうでしょう。

京都には、四季折々、場所それぞれ、そして時空を超えて、独特の芳しい香りがあります。まさに香る都なのです。

僕は心に浮かぶ京都の12カ所を、思い浮かべ、香りに情景描写してみました。それが京都の街をコンセプトとした香りのシリーズ「cotoiro」です。僕は今でも京の情景シリーズは絶やさずに続けたいと思っています。

卸をやっているときにも京都の香りをつくったことがありましたが「東京で京都の名前のものは売れません」と言われ、そのときは諦めました。

僕の見た景色。その場所で感じた香り。そのときの心のたたずまい。それは僕の原点であり、直販のショップをつくるにあたって、メインのラインナップとして復活させました。20年以上前の調香です。

原点だから、どうしたって変わりようがないのです。

その昔、町屋を借り切って「cotoiro」のブランドを発表したとき、師匠の大久保先生夫妻も来てくださいました。

「すてきなネーミングや。あんたの付ける名前のセンスが私は好きやわ」

奥さまは、そう言って喜んでくれました。その言葉を聞いたとき、このブランドが正式にリリースされるのだと思ったのです。

## 「モノづくり」の原点へ

「香り」を人々の生活のなかに日常的に取り入れてもらい、その暮らしを少しでも豊かなものにできたら。その想いは僕のなかで、さまざまな物語とともに育っています。

そのためには、「香りは見て取れる」という師匠の言葉をさらに発展させ「読み取れる香り」「聴き取れる香り」もあっていいと思うようになりました。

そんな想いから、2004年に「アルファベットシリーズ」を生み出しました。

26文字だから26種類。これは普通のマーケティングで考えればコスト的に「ありえない」展開の仕方です。基本、商材は量産しないと割が合わないのですから。

僕の会社の商材も、ほとんどがその例に漏れないマスプロダクションの商材です。しかし、それだけでは結局、他社との差別化はできないのではないか、と僕は考えます。

これからは、マーケティングという考え方をいったん外し「こういうものを作りたい」というものを出していったらどうかと思うのです。徐々にそういうことを考えているベンチャー企業も出てきてはいます。クラウドファンディングで、少量で「作りたいものを作って売る」を叶えています。そしてそれはおおむね手作りの範疇だと思われます。

僕が叶えたいのは「機械生産と手作りの中間」です。

十人十色はおろか、百人百色の時代には、小ロット多品種で展開することしか暮らしの多様性に添えないのではないかと思うのです。

現実的には、完全に工芸品レベルのものを作るとして、フレグランスで小売価格が4万円近くになってしまうものがあるとします。卸ではとても無理ですが、直営店でやれば半分くらいで採算が取れます。

売れればよいというマネーゲームを早くに捨てた僕です。組織をスマートな縦割りにして、余計なものを作らず、本当に作りたい良いものを妥協なく作って、本当に欲しい人に売る。その初めての試みが「アルファベットシリーズ」でした。

そして、その流れで、一語一語に好きな音楽の曲名が多いことに気づき、今度は音楽をテーマにしたフレグランスを初めて発売することを決めたのです。

## 錬金術師の夢

それが「アルケミスト・ラボ」という新しいブランドです。アルケミストとは錬金術師のことです。まだ生まれたばかりですが、僕はこのブランドによってこれから先の物語を作ろうと決めました。

何もないところから、何か価値を作り出すこと。それは、他の感覚との共感覚によって生み出される新しい感覚、共感覚への挑戦なのです。

視覚×嗅覚、聴覚×嗅覚、触覚×嗅覚、そして、味覚×嗅覚。

これらの共感覚というものを、英語ではクロスモーダルといいます。これは色に香りを感じるという感覚だけではなく、音に色を感じたり、言葉に触感を感じたりする感覚のことを指しています。「香りは見て取れる」という僕らの提唱する調香の技法もさることながら、各感覚と混じり合うことで作られる新しい刺激なのです。

これを作り出すことこそが、僕がこれから先で目指すアルケミストの仕事になります。化学×アートがそのベースを支えることになるのです。

僕らの日常には、いろんな音が溢れていますし、いろんな色も、いろんな匂いもそこに、同じ次元に存在しています。しかし、その組み合わせによって感情的な色合いを人為的に作り出すことができたなら、そこから先は芸術の世界に入り込むこととなるのです。

まぁ、言ってしまえば生きていること自体が芸術なのでしょうけど……。

五感を研ぎ澄ます。そうしてその道の専門家や、アーティストとの関わりをもつこと。お互いが刺激を受け合い、磨かれて、新境地へといざなわれる――僕はそんな未来を夢想しています。実験的な異なるジャンルとのコラボレーション。音楽家、画家など、すでに何人かとのコラボレーションも実現しました。

もし、あなたがこの本と出会ったなら、そしてあなたも同じ夢を追っているアーティストなら、ぜひ協力してもらいたいと思っています。その出会いによって何かしらの化学反応が起こることを僕は期待しているのです。

## 香りと音楽のコラボ

新たに生み出した「MUSICA SCENTS（ムジカセンツ）」は、音楽から触発されて調香した香水です。

そもそも音と香りには深いつながりがあります。香水の香調でトップノート、ミドルノート、ベースノートなどという言葉が付いたのは、音符が示す音の高低からその名前が用いられています。ノート（NOTE）というのは、音符を意味する言葉で、19世紀のフランスの調香師ピエスが命名したそうです。

また、アコードという言葉も調香の場面ではよく使われます。これは「調べの良い」という意味で、バランスの取れた調香のことを「良いアコード」と呼び、調香師の個性によってもそのアコードは変わります。ローズアコードとかジャスミンアコードという時には、調香され仕上がった○○のアコード、という意味合いになります。また「あの調香師のローズアコードはうっとりとさせられる」というように表現するのです。

MUSICA SCENTSの香水は、4つの異なるジャンルの音楽から作りました。

ジャズ
ボサノヴァ
タンゴ
リズムアンドブルース（R&B）

複数の楽器が奏でるその音がリズムに乗って絡み合う。共鳴し合いながらも時にはテンションをもってそれを壊す。芸術的な破壊です。

ジャズはその逸脱した緊張感が破壊と創造を繰り返していきます。ボサノヴァの調べとそのリズムには穏やかな風を感じ、たゆたう時の流れを感じます。タンゴには情熱を、Ｒ＆Ｂには艶のあるアンティークな色調と温もりを感じるのです。

それぞれのジャンルの名曲が浮かぶような調香を設計するのは、またその曲をＢＧＭに生きていた頃の自分や、その曲が好きだった人、その曲が似合う人のイメージを孕んでいます。

音にも色があります。音色《ねいろ》とは、まさによく言い表された単語です。

香るたびに、スイングやボッサのリズムが心に湧き上がり、生きる喜びを身に纏《まと》うようなフレグランス。

今後は、雅楽やクラシックの曲なども増やしていきたいと考えています。
——読み取れる。聴き取れる。見て取れる。
——香りは目に見えないからこそ、何にでもなれる。
その自由さ、夢見る気持ちのある生活は、きっと美しいに違いないのです。

201LAB Fragrance Ac
Produced by ARTLAB.

Episode 5

# Don’t think, feel !

考えるのではなく、感じるままに——
香りの旅は続く

## 香りの伝え人

香りのすばらしさをどう伝えていくか。

経営や調香という仕事だけでなく、僕には「香りの伝え人」という使命があると感じています。師匠からもらった「香りは見て取れる」ということも、老若男女、人種を問わず、幅広く伝えることに適していると思います。

35年想い続けた理想の店、京都・御幸町通にある201LAB PLATFORM KYOTO本店では、ワークショップを催すことができるスペースをつくりました。

この空間で、かつて百貨店で催した調香教室を再現しようと思ったのです。あのとき感じた「しあわせの香り」をより多くの人に感じてほしい。そしてより多くの人に香りがもたらす豊かな暮らしを知ってもらいたいのです。

人によって香りのすばらしさとの出会い方もまたそれぞれであると思います。

日々の暮らしのなかで、香りが欲しいと思う人。旅先で、ふと離れ難い芳香に出逢う人。空間に漂わせたいと思う人。身に纏いたいと思う人……。

香りを感じる仕組みを知って、その面白さにはまる人もいるでしょう。そのなかから、次世代の調香師も生まれてくるかもしれません。

そんな可能性も夢見ながら、僕はワークショップにのぞみます。

ワークショップは、香りについての基本的な話と、簡単な調香体験をしてもらう、いわば導入編といったところです。より多くの人に香りに興味をもっていただくことを目的としています。

内容としては「香りと脳の仕組み」などの専門的な知識や実務的な学習を中心に講義します。それだけでなく、フレグランスの歴史を知ることもたいへん重要だと僕は思っています。先人たちがどのようにしてその香水を生み出したのか、その歴史的背景を学ぶことこそ、調香師としての第一歩だと、そう思うからなのです。

## 香りを感じる仕組み

ワークショップの講座では調香の基本として、香りを感じる脳の仕組みからお話ししています。少々専門的な話になります。

鼻の奥にある約２０００万本の嗅毛で受け取られた香りの成分は、約２００万個ある嗅覚細胞へと、その情報が電気信号によって送られます。その情報は記憶の倉庫である海馬に送られ、さらに海馬と密接な関係にあって感情のスイッチの役割を果たす扁桃核《へんとうかく》に届きます。このように香りが海馬に溜められた記憶を蘇らせ、そしてその時の感情も呼び覚ますのです。

このように喜怒哀楽という、人の感情をつかさどる大脳辺縁系《だいのうへんえんけい》にダイレクトに信号が送られるのは、五感のなかで唯一嗅覚のみなのです。だから、人は香りを嗅ぐとすぐに快不快の感情が湧きます。さらにまた、過去の記憶が蘇るというのは、この仕組みのせいなのです。

僕の生徒さんにこんな人がいました。

「10年以上も前ですが、パリのサン・ジェルマンですれ違った男性の香りがすごく印象的だったのです。それを覚えていて、その香りを京都の授業で嗅いだとたん、その時見たサン・ジェルマン・デ・プレ教会の光景までを今見ているように思い出したんです」

これはプルースト効果と呼ばれています。

フランスの作家、マルセル・プルーストの『失われた時を求めて』という小説のなかで、主人公がマドレーヌを紅茶に浸したとき、その香りで幼少時代を思い出すという場面があり、そこから「プルースト効果」と呼ばれるようになったようです。

このように嗅覚のみが、過去の記憶と喜怒哀楽の感情を呼び起こすということは、物事を認知する前段階で、好きか嫌いかという感情が湧き起こるということです。香りによって理屈ではなく、本能的によし悪しが決められてしまうということ。頭で考える前に……。

日本語にはこの匂いに関わる言葉がいくつもあります。それは「胡散臭い」とか「きな臭い」という言葉で、理性的な判断の前に嫌悪感が先立つということです。明らかに感情的な影響を受けた言葉だと分かります。

理性は共有することができても、個人的な感情は共有できません。だからこそ、そこに我々は芸術性を見いだすことができます。

これは脳の仕組みがなせる妙なのです。

## 生き物に代わる香り

ワークショップでは、香料についても分かりやすく話すことにしています。

それは植物由来の香りや天然香料だけが良い、というわけではなく、香水

（パフューム）の世界では欠かせない動物性香料や合成香料についても理解してもらわなければならないからです。

現在では、天然の動物性香料は流通していません。それは、ワシントン条約で禁止されているということと、動物愛護の観点からも取引が禁じられているからです。

動物性香料には4種類あります。

ムスクは雄のジャコウジカの香袋（生殖器付近にある）から、シベットはジャコウネコの香袋から、アンバーグリスはマッコウクジラの腸内発酵物のようなものから取り出します。そして、カストリウムはビーバーの香袋から抽出された香料です。

これらはそれぞれ独特の強い香りを発し、単独ではむしろ嫌な臭いと感じられることも多いでしょう。クサい、キツい、エグい臭いといった表現をする人もいるかと思います。

これらの香料は現在、人工的に生み出された合成香料に置き換わって処方されています。すでに世界的に有名な香料会社では、各社、各様の創作による独自の合成の動物性香料が開発されています。

天然香料と合成香料という区分けは、そもそも一般消費者が認識している区分けであって、本当のところは天然香料と単体香料の2種類があり、さらにその単体香料のなかに、単離香料と合成香料があるのです。

単離香料とは、ある植物から化学的、物理的手法によってつくられた単一の成分です。しかし天然香料のなかには属しません。それは、一つでも人間の手が加わったものは天然のカテゴリーには入れないというルールがあるからです。

最近、間違った認識が流布されています。それは「天然香料が良くて、合成香料が悪い」というものです。しかしそんなはずはありません。

天然香料のなかにも強い毒性をもつものも少なくありません。もちろん、アロマセラピーに有益なものも多いのですが、最近では、水質汚染や土壌汚染の問題も深刻になってきています。自然環境の変化がもたらすリスクも孕んでいるということはやはり知っておかなければなりません。製品がつくられたルートの追跡が難しくなっており、原材料の由来を確認しにくいのです。

それに引き換え、合成香料の場合はテストに合格したものだけが流通しているため、安心、安全といえます。それはIFRAとRIFMという、香料の安全性を維持するための国際的な組織が認めたもの以外は、世界に流通させないという決まりになっているからです。

天然香料しか信用しないという消費者が多くいるのは、合成は危険だとするメーカーのプロパガンダによる影響が強いのです。そういった事実も知っておいていただきたいことです。

僕たちは、すべての香料をその創作の趣旨、その目的に合わせて使う。その香料の総称として、調合香料と呼んでいます。

その昔、こんなことがありました。

日本にまだ、アロマセラピーという言葉も、エッセンシャルオイルという言葉も一般的ではなかった１９９２年頃です。その頃僕は香りのビジネスをスタートさせていました。その後、１９９４年頃から、マギーティスランドなどの精油が日本上陸を果たし、次第にその認知は広まっていきました。

１９９０年代前半、お客さんから、僕の会社のルームフレグランスへの質問が相次いだことがありました。それは「この香りは、どのような効果がありますか？　どこに効きめがあるのですか？」というような健康に対する質問だったのです。

僕は、答える前に呆気に取られてしまいました。「香りのインテリア」というキャッチフレーズで営業をしていたところが、まるで医薬品を売っているかのような立場に立たされてしまっていたのです。

そして挙句の果てには、そのお客さんは一言こう言い残して去っていきました。

「あぁ、天然じゃないのですね。合成香料なんだ……じゃ、いいです」

ご自分の好きな香りを見つけたら、それだけで幸せな気持ちになりますよ、と追いかけて、ひとこと言いたい衝動を抑えるのに苦労しました。脳と香りのつながりをその場で伝えるのは至難の業だったのです。どんな香りでも、自分がそれを快だと感じたら、心は癒されてゆくのに、と。

１９９０年代前半はまだ、日本人に香水は受け入れられない、ということも言われていましたし、僕たちにとってこの市場には逆風が吹き荒れていたのです。

## ロマンの香りを「着る」

「オートクチュールは、香水で完成される」という言葉があります。ガブリエル・ココ・シャネルの言葉だとされていますが、フランスの著作家であり、詩人でもあるあのポール・ヴァレリーが残した言葉を引用したのではないかと、僕はそう思っています。彼は「香水をつけない女に未来はない」という辛辣なメッセージの言葉を残しているのです。

いずれにせよ、ファッションの世界において香水は、見えないおしゃれとして、また自己表現のツールとしても欧米では長い年月をかけ活かされてきました。

かのクレオパトラにしても、マリー・アントワネットにしてもそうです。もちろん、その昔、香水は入浴の習慣のない中世ヨーロッパの貴族たちを中心にして、体臭を隠すマスキングとして使われていきました。その試みは広く受け入れられ、香水の愛用者が増えていったのです。

アラブ人の女性たちは黒装束のアバヤという衣装に身を隠し、誰が誰だか一見して分かりにくい。それは、宗教的に女性は肌を見せないようにしなければならないからです。

そのため彼女らは、バフールという練り香を自分流に作りマブカラで焚き、部屋に薫香を充満させます。そしてそのうえで、自身のお気に入りの香水を身に纏います。そうすることで自分のアイデンティティーを誇示しているのです。

日本においても同じような試みがなされてきたという史実もあります。

平安時代、貴族は装束に自分のお気に入りの香を焚き染めていました。奈良時代に始まった空薫物《そらだきもの》という文化が平安王朝に定着したものです。

紫式部が書いた王朝小説『源氏物語』には、夜になると物陰しか分からない状況のなかでも、光源氏が回廊を歩くと、その香りで女性たちは彼が今どこにいるのかが分かるという記載があります。

その香りが近づくことが、彼が自分のところへやって来るのだという期待を膨らませる。そんなロマンティックな時代だったのでしょう。

香りは昔から、ファッションの一部であり、かつ自己表現の手段だったのです。

## 香りがいざなう言葉の辞書

僕は、この香りのビジネスを始めるにあたって、まずは「香りのインテリア」というコンセプトで広めたいと思っていました。

香りが空間を占める度合いは、目に見えなくても、確実にその場のイメージを形づくります。その考えは、割と早く浸透したように思います。

そしてその次の段階として、香りがファッションやインテリアという生活ジャンルをも超えた存在になること。絵画のように芸術としての価値をもったものへと昇華させたいと思いを強くしたのです。

調香は絵画とも似ています。調香する際に必要となる香材(マテリエ)には、あらかじめそのイメージに合う色が施してあります。

例えば画家が白いキャンバスに向かう時、これから描こうとする風景を見つめながら、画家はおもむろに絵の具をそのパレットに絞りだす。その光景は誰にでも想像がつくでしょう。

僕たちにはキャンバスこそありませんが、想像する景色を見つめることも、色のついた香りのビーズをピックアップツールで選び取ることも、この場合の画家と同じ作業なのです。

色を重ねるようにして、慎重に思い描いた色調に近づけてゆく。

もちろん、同時に合わさった香りを嗅ぎ取りながら。

この時、とても大切なことがあります。それはこの香りのビーズには色だけではなく、連想される言葉にも紐づいているということです。

例えばミュゲ（スズラン）には、穏やか、まどか、ワルツの調べ。

またピオニー（芍薬《しゃくやく》）には、恥じらい、月光、訪れる幸せ。

このように短い単語が並べられています。その色と香りに連想される言葉を紐づけていくということです。それは香りを想像の更なる深みへと導いてゆく作業なのです。

香りに紐づく言葉は、調香する人間が思いのままに書き足していきます。やがてそれは個人的な辞書となり、その人の視野を広げ自由自在に創作ができる手引きとなっていきます。そして逆引きの辞書としても使えるようになるのです。

例えば、「安曇野の五月の風」とか「サハラ砂漠の月」というような抽象的なテーマがあった場合には、その情景描写には、色彩だけではなくその詩情豊かな言葉が必要となるからです。理性では果たせない情の部分が必要となってくるのです。

僕は当初20種ほどの香材のテキストを先生からいただきましたが、そのプリント自体はすべて白黒でした。色彩の欄には、「緑がかった青」とか「くすんだ赤紫」というように言葉しかなかったのです。

イラストレーターどころか、パソコンさえ普及していなかった頃ですから、すべては想像するところから始まりました。そして、その都度必要な香材のことを調べながら、色彩と連想されうる言葉をつけ足していきました。

最初はＰＣではなく、印刷会社で使われる色見本帳、ＤＩＣのカラーチャートを買って、それを貼り付けて作っていきました。香材の植物の科目を調べたり用途や生産地のことを調べたりと、事細かに作りこんでいったのです。

今では、調合香料78種、単体香料30種の計１０８種の香材にすべて色彩がつけてあります。おそらく、今後も必要に応じて種類は増えていくことになるでしょう。

自社で作れるようになるまで、大変な苦労が必要でした。１０８種になった時、ふと思いました。これって煩悩の数と同じじゃないかと。「色《しき》即《そく》是《ぜ》空《くう》　空《くう》即《そく》是《ぜ》色《しき》」これもいつだったか、先生がおっしゃった言葉でした。

白いキャンバスに香材の色を重ねていく。そして最後の仕上げは印象派の画家たちが施す光の描写そのものです。爽やかなベルガモット、幸せな感覚を呼ぶクラリセージに心を活性化させるカンファー（樟脳《しょうのう》）などの、最初に感じる香りはその光に当たります。

そして光は闇がなければ輝きません。昼間に星が見えないように。だからベースノート（その香水の基礎に当たる香り）には闇をもたせるウッディー（樹木系）やアニマルノート（動物系）の存在感のある香りが必要なのです。

調香も、絵画と同じように自分をとことんまで追い込まなければなりません。楽なことだけでは本当の楽しみは手に入りません。ふわふわとした花の香りの幸せだけでは、あっという間にその花の香りは飽きられてしまうのです。

香りも、その他の芸術も同じです。偉大な先人たちが遺していった芸術作品に触れる、またそれを模写しその極意を知ること。彼らのその時代の心象風景に触れ、その人生の一端を垣間見ること。これが芸術鑑賞の醍醐味なのです。

## 知識のつまみ食い

調香においても、勉強するということは大事になってきます。学習する習慣は絶やさないということが大切です。そしていろんなジャンルの学習をしたほうがいいのです。何かに特化したことを追求するのも良いけれど、いろいろな物事に関する多角的知識と経験がその人の言葉をつくります。つまみ食いでも構いません。より幅広い物事に触れることが必要です。

どんなことも、今の僕には必要ない、今の私には関係のないジャンルだと思わないでください。そこで壁をつくってしまうのは、虹のように広がるはずの世界を閉じてしまうことになります。

僕は、化学を専門にしようと思ったこともありませんし、文化人類学の大家になろうと考えたこともありません。しかし、今はすべてがつながってくることだと思えるようになっているのです。

ですから自然科学はもとより、心理学や哲学さえ身につくまで学ぼうとしています。なぜか、それは必要だと感じているからです。実際、調香をしようとすれば、芸術、ファッション、歴史学は避けては通れません。すべてつながっているからなのです。

その人がもっている言葉を並べれば、その人の人格が透けて見えます。その言葉の連なりから、僕は占い師のように「あなたはこういう人ですね」と言い当ててしまえるかもしれません。

少し偉そうなことを言ってしまいましたが、そう言い切ってしまうことで、自分自身の励みにしようとしているところも大きいのです。

有言実行。言い切ってしまうことも、自分を強くする一つの手段だと思います。まだまだ、自分自身も言葉を増やしたいと願っています。

## 隠れた自分の香り

ワークショップでは実際に「フレグランス・ビーズ」を使ってフローラルブーケをつくってもらいます（注・本文末に簡単な説明を記しています）。そしてその後、ビーズの色合いを見ながら、自分の好きな色合いになるように混ぜてもらったりもします。

好きな色合いが、好きな香りになる。これが「香りは見て取れる」という、最初の体験になるのです。

あるとき、ワークショップで、最前列にグレーのスーツを着た男性が2人、座りました。彼らは僕の話をじっと聴き、大きな手にピンセットを持って、小さなビーズを小さな瓶に入れていました。

どうして仕事のような格好でいらっしゃったのだろう。ひょっとしたら、競合他社だろうか。それとも……。

しかし2人とも楽しそうな様子です。部下らしき男性が上司らしき男性に話しかけました。

「○○さんのビーズの色合わせ、淡い感じでかわいいですね」

すると、上司らしき男性が、うれしそうに言われました。

「いいだろ。僕って、本当は優しい人なんだよ、きっと」

僕はその様子を微笑ましく見ていました。「好きな香り」には、表に見えていない人の心も表すのです。

今の世の中、目で見えるものにしか反応しなくなってしまった人が多くなりました。また、その見えているという認識もあやふやなものかもしれません。表面的に分かりやすい部分しか見ていないと思えることがよくあるからです。

何かの例えだと気づかないし、言葉の奥にある真意に気づこうともしない人が増えていきます。そのせいなのか、誰もが分かりやすく表の自分を飾り立てています。TikTokやInstagramなどの投稿がそれを助長しているようにも思えます。

先ほどのスーツ姿の2人は、地元の銀行の人でした。彼らは表の数字には表れていない、僕たちがやろうとしていることを見にきてくれたのでした。

すべてのプログラムが終わり、人がはけて、最後に名刺を出して挨拶してくださいました。「本当は優しい人」と笑っていた人は、支店長でした。

彼は本当に、心の奥にある自分に気づいたのかもしれません。香りは、表には出ない自分を発見するツールになります。

目に見えないものは、すべてを、見せてくれるのです。

## 美しい香り、美しい人

僕のこの人生の旅を色彩豊かなものにしてくれたのは、まさに香りのおかげです。今、このリチャード・ルームで、一つひとつの香りに感謝しています。

アフリカのサバンナの果てに大きな太陽が沈むのを涙して見ながら、大地と草原の匂いを感じたとき。

ニューヨークのバードランドのカウンターでレジー・ワークマンの横に知らずに座り、憧れていたそのベーシストの肉声を初めて聞き、彼の体に漂うミュージシャンの匂いを感じたとき。

バンコクのリバーシティーで13世紀のガネーシャのブロンズ像と対面し、湿った錆と乾き切った赤土の匂いを感じたとき。

初めて泊まったパリのホテルで甘夏をレザーに擦り付けたような匂いを感じたとき。

香港・尖沙咀《チムサーチョイ》の雑踏の中で真桑瓜《まくわうり》と丁子《ちょうじ》が入り混ざった海風の匂いを感じたとき。

そこで感じた匂いの奥にある記憶は、今でも色あせることなく僕の中に残されています。僕はその記憶の抽斗《ひきだし》をゆっくりと引き開けて、壊れないように慎重にそれを取り出していきます。それは懐かしい旧友との再会や恋人との切ない別離の感情にも似ていて、僕にとって神聖な儀式のような行為なのです。調香の時にはいっさいの時が止まります。香りは幻影のようでいて実体そのものでもあります。

見えないからこそ、その想像は真理を突き止めるまでに膨らむのです。現実を超えてアートの領域に達する。またそうでなければいけないと僕は思います。

物事を判断する時に、僕たちはほとんどの場合に正しいか間違いかで判断しています。しかし、その物差し自体が間違っていたら本来の答えは当然変わってくるはずです。正しさは何をもって正しいとしているのか、間違いも何が基準となってダメだとされているのか？

国によって、社会によって、企業によってそれはまちまちでしょう。営利を目的とする会社にとっては、損得勘定が優先されています。そして、そういった利益追求型の企業が、世の中の正義の基準から少しずれてしまっているケースもよく見受けられます。

企業の不祥事が起こったり政治家が不適切な発言を吐露してしまったりするのは、いずれもこの基準が不確かで独善的なものだからです。真実を見極めること、善なる行いに沿うこと、そして美意識を高くもつこと。この基準に矛盾する規則やルールは不要です。

理論や理屈で作ったルールは、決して人の心を打ちません。

誰もが心から理解できる規範、いわば美しい規範が今、求められているのです。それは美しいと思えるものや言動にはいっさい嘘がないからなのです。

では、美しい、とはどういうことでしょうか。

実はそれは、とても簡単な日常的なことから始まるものです。目配りのできる人は、気配りができる。気配りのできる人は心配りができる人になる。

この気づきが最初の一歩なのです。

まずは気づく人が増えること。思いやりの気持ちで想像する力をみんながもつようになることがなによりも優先すべきことです。世界が美しい人で満ちたら、きっとこの世界はまた美しく輝きだす。僕は、そう信じています。

## 香りとともに未来へ

人生とは何か?という問いに、あえて僕が今答えるとしたら、それは、「人生とは何か、ということを追い求める旅」だとしか言えません。

僕は、それが分かろうが、分かるまいが、たいしたことではないと思っています。なぜなら、そもそも人間は未完のまま生かされているのですから、分かるはずなどありません。そんなことより、実践することこそが人生の目的だと思えばいいのです。

でも、それをしっかり味わうためには、いささかの勉強は必要です。そして感度を上げて気づきを得ることも。気づきが足りていないから、道端に健気に咲く名もなき小さな花に感動する機会を失っているし、本当はあなたにとっていちばん大切なはずの人の存在に気づけずに、立ち去ってしまうのですから。

嘘や偽物は常にやかましいものです。そして真実や本物はおとなしく、ただじっとして黙っています。だから、よほど耳を澄まさない限りそれを聞き逃しますし、目を凝らし続けなければ見過ごしてしまいます。感性を研ぎ澄ます必要がそこにあるのです。

出会いを大切にするということは、まずその出会いに気づかなければいけないということなのです。

僕もこの歳になってようやく分かってきたことです。そうすると、だんだん不思議なことに過去のことにも気づき出してしまいます。

２０１１年、55歳の誕生日を迎えた僕は香港に自前で別会社を作りました。そこには世界戦略という野望もありました。そしてもう一度ゼロから挑戦したかったのです。

日本の会社のことももちろん忘れたわけではありませんが、当時専務だった息子は相当の苦労をしたに違いありません。ほとんどの日々を僕は香港で過ごしていたからです。それでも僕は異国でのチャレンジを日本の会社へつなげようともがいていました。息子たちの苦悩にそこまで気づけていなかったと思います。

しかし、彼らはプラットフォーム・プロジェクト（ＰＦＰ）という企画を立てて、この量り売りという販売の仕組みを作り上げていたのです。思い起こせば、僕が商社を辞めたその理由、会社を立ち上げたその理由は無駄な廃棄をし続ける社会の仕組みへ反旗を翻すことでした。その想いを僕の知らないところで息子たちがつなげてくれていたのです。

メーカーとしてモノづくりを進めてゆくなかで、少なくとも年間50トンものガラス瓶が家庭で廃棄されている計算になります。その無駄を減らしてゆくという試みを彼らは考えていたのです。

できそうでできないことです。ありそうでなかったことです。そんなことに気づけなかった僕は恥ずかしい気持ちになりました。でも、本当にうれしかったのです。僕の想いを引き継ぎ、未来へとつなげていってくれるのですから。

つなぐという意志。巡り巡って想いは伝わるということ。だからこそそれを実現した、この京都の本店の意義は大きいのです。ここからまた、次のステージへと跳べるのですから。201LAB PLATFORM KYOTOは、そんな皆の想いが詰まった場所なのです。

僕は改めて気づかされました。すべての出来事には意味があったのだということ。喜びも苦しみにもその訳があったのだということ。そして多くの出会いと、そこで出会った人たちに支えられてきたことも。

道は一つではありません。枝分かれしていて、どの道を進むべきか僕らは常に迷い続けます。仮に間違った道を選んだと思っても、あなたのその強い想いが絶えないようなら、どの道を選んだとしても必ず同じところにたどり着くのです。だから心配はいりません。自信をもって選べばいいのです。だめなら違う道へ行けばいい。ただ、それだけのことなのです。

人間は未完だと言いました。未完だからこそ完璧なものへの憧れを抱きます。より完璧な、より美しい存在へと希望をもって進めば、何かしらその真理を垣間見るチャンスが訪れるかもしれません。

いい景色を見るためには、一歩踏み出さねばなりません。

それが困難な道と分かっても、いや困難があってこそ、そこを越えた場所にある景色は、美しい。

僕はまたそれを見たいと思います。

あなたも、あなただけの美しい景色を見てください。

# Epilogue

この本を書こうと決めたのは、紆余曲折を繰り返し苦労してきた僕の話が、誰かの背中を押す助けになったらいいなと、何となくそう思っていたからです。何を求めればよいのかと道に迷っている人や、やってはみたが、行き詰まってしまっているような人たちに、少しでも勇気を出してもらえればいいなと、純粋にそう思っています。

いろいろな記憶が蘇ってきて、取り留めのない話になってしまったかもしれません。けれど、何か一つでも心の琴線に触れるようなところがあれば、それだけで僕はうれしく思います。読者の皆さんがどう感じるかは別として、この話は、普通の、しかもどこにでもいるような無名の男が、体験してきた実話の物語なのですから。

だから、きっとあなたも勇気が湧くはずだと思います。人生の目的がなんだとか、人はどう生きるべきだとか、そんなことを言い出せばきりがありません。そんなことを考える前に、「見るまえに跳べ」。そして、「願えば、叶う」ということを言いたいのです。

「見るまえに跳べ」——それに出会ったのは、19歳の春、広島の高校を卒業して浪人生活を送るために、生まれ故郷の京都へ一人戻って予備校に通っていた頃のことです。

浪人生活はその日常すべてが孤独でした。僕が、京都に帰ってきているという事実を知る友人もいません。何年もの反発の末、結局父に従って転勤先の広島へ行った時点で、すでに僕の存在は過去の人となっていたのかもしれません。自分から昔の友人を探すこともあえてしませんでしたし、何となく何もないところから始まるのもいいのかもしれないと、その日常に慣れ始めていた頃だったと思います。

当時通っていた予備校の授業で、僕はこのことだけしか記憶にありません。

それは僕にとってあまりにも刺激的な出会いだったからです。
Ｗ・Ｈ・オーデン（ウィスタン・ヒュー・オーデン）。国語か歴史の授業だったのか、まるで思い出せないけれど、先生は教壇に立って、黒板にこの名前を書き、そして、その詩を朗読し始めました。１９０７年イギリスのヨークで生まれ、その後アメリカ合衆国へ移住した詩人です。

「見るまえに跳べ」
危険の感覚は失せてはならない
道はたしかに短かい、また険しい
ここから見るとだらだら坂みたいだが。
見るのもよろしい、でもあなたは跳ばなくてはなりません。
ずいぶん頭はしっかりしてても、睡眠中にはべそを掻く、
阿《あ》呆《ほう》の守れる細則でも破ることには遠慮がない、
失せる傾向をもつものは

因襲でなくて恐怖なんです。
じたばたする奴、塵《ちり》、円《ま》るんだ角、ビールなんかは
頭を少しひねったら、しゃれくらいなら毎年飛ばせる。
笑いたければお笑いなさい、でもあなたは跳ばなくてはなりません。
着るのにちょうど恰好の衣裳を見ていると
間が抜けているうえに、値段が決して安くない、
羊のように従順に生きる限りは
失せる奴らに遠慮しているあいだは。
気の利いた社交界の振舞もまんざら悪くはない、
だがひと気のないところで悦ぶことは
泣くよりももっと、もっと、むつかしい。
たれも見ている人はない、でもあなたは跳ばなくてはなりません。
一万尺の海底の孤独というものが
あなたとわたしの臥ているベッドを支えているのです。

むろんわたしはあなたを愛するんですが、あなたは跳ばなくてはなりません、
安全無事を祈願するわたしたちの夢は、失せなくてはなりません。

（出典　オーデン詩集、深瀬基寛訳、せりか書房）

僕は、その授業が終わってすぐに、その本を買いたい衝動に駆られていました。先生の立つ教壇に行って、その本がどこで手に入るかを尋ねました。そのとき、先生はどこかうれしそうな顔をしていました。

僕は下鴨にある葵《あおい》書房へ行って、その本を手に入れました。夕飯を終えて、お風呂をいただいたあと、2階の僕の部屋に上がると、万年床の枕元にスタンドを置き部屋の明かりを消しました。

そして俯《うつぶ》せの状態で枕を抱え込み、一心にこの詩を読んだのです。

静かな夜でした。確か、しとしとと雨が降っていました。その日は、隣の部屋の子も、廊下を挟んだ向かいの部屋の子も、三重と福井の実家へ帰っていたため、2階は僕一人だったのです。

ふすま一枚だけで隔てられた昔の畳の部屋でしたから、普段は隣人の寝息までよく聞こえてしまいます。独りだったというそんな条件も手伝ったのかもしれませんが、読み進める僕は心が震えました。作者が何を伝えたいのかも分からないままに、ただただ、心を震わせていました。

それこそ、考古学者のシュリーマンがトロイの遺跡を発見したかのように、この世の真理が垣間見えたような気分だったのです。

今でもその夜の静かな興奮は、鮮明に覚えています。ただ、なにに心動かされたのか、なぜそんな情動反応を起こしたのかは、今となっては分かりません。

その後、僕は京都の大学の合格を蹴ってまで、東京へ行く決心をしていました。「見るまえに跳べ」――この言葉は、時折、今の僕にも語りかけてきます。

そんな言葉と出会えたのも、一つの大きな出会いだと思うのです。一人の人との出会い、そして一冊の本との出会い、それが生きていくための大きな糧となってくれる。支えとなってくれる。そう、人生とは出会いでできているのです。

「見るまえに跳べ」の詩のなかに出てくるフレーズを、もう一度思い浮かべてみてください。

だがひと気のないところで悦ぶことは
泣くよりももっと、もっと、むつかしい。
たれも見ている人はない、でもあなたは跳ばなくてはなりません。
ひと気のないところで、一人悦べる自分になれるように、あなたも頑張って
いただきたい。

最後までお読みいただいて、ありがとうございます。

この世界が美しい人で満ちたなら、きっとこの地球もまた美しい光で輝きだ
す。そう願いながら、皆さんの夢も叶いますように！

リチャード・ルームより　愛を込めて――

# Appendix

香りの量り売りに使用するサーバー

石拾いをした二宮の海岸

リチャード・ルームにあるパフュームバー

## 自分で作るフローラル・ブーケ

ワークショップでは、実際に香料を練り込んだ樹脂でできた「フレグランス・ビーズ」で、基本的な調香を実践してもらいます。テーマは、香りの花束「フローラル・ブーケ」の創作です。

いくつかのタイプがありますが、以下はその簡単な説明です。

TYPE：A　ホワイトフローラル

ジャスミン、ガーデニア、イランイランは非常に相性の良い組み合わせで、それぞれに甘く深みを感じる花々。

さらにホワイトローズを加え、4種類の白い花を束ねた「ブーケタイプ」の香調となります。

やや濃厚な印象ですが、爽やかなシトラス、パウダリックなホワイトサヴォンを合わせ、重くなり過ぎず、爽やかに。

TYPE：B　レッドフローラル

レッドローズを基軸に、三大フローラルノートの仲間であるジャスミンとミュゲを束ねた「ブーケタイプ」。香水では多用される組み合わせ。トップにバンブーの葉とグレープフルーツの柑橘で爽快さを加え、さらにサヴォン系のパウダリックな香調を加えることで、より香水らしく仕上げます。

TYPE：C　フェアリーフローラル

優しい甘さが特徴的なピオニーとライラックをミドルに置き、爽快感のあるオレンジとローズマリー、パウダリックでエアリーなヘリオトロープをトップに。お花畑を妖精が飛び交う、ファンタジックな印象に。

TYPE：D　フェミニンフローラル

華やかで香りの強いフローラルをミドルに置き、ネロリやカーネーションのビター感やスパイシーさをほのかに織り交ぜる。

また、アクセントにウーロンティーを用いることで、全体的に角が取れ、まろやかな香調に。

甘めのフローラルだけで合わせると、ガーリーな印象になります。ピリッと刺激的な香りをワンポイント加えることで、洗練された女性らしさを表現できます。

香りを嗅ぎ、それを合わせていくという作業は初心者には難しいことです。だからまず、導入としてどれを何粒、というお手本を示します。ブーケタイプの調香は、基礎編としてのワークショップでは、誰もが気軽に楽しめるテーマです。

## 本文中に登場した香りたち

### 【モダーン・アフリカ】

サイプレスとパインニードルのトップ。レッドシダーのミドルを支えるアンバーグリス、ホワイトムスクにシベットで作ったベースノート。

アフリカの大地と草原の匂いからインスパイアされた野性的な香り。オレンジの巨大な夕日と立ち上る陽炎。すべての感動が入り混じった生命力を感じる香りです。

### 【ASIAN FLOWER　アジアン・フラワー】

オーキッドとロータスのトップ。花の中の花と呼ばれる豊潤なイランイランのハートノートをベースノートのアンバーグリスとムスクが支えます。

南国特有のむせ返るような熱気と、気品のある花々、そして古都アユタヤの水と穏やかな時間を思わせる香り。たおやかでそれでいて芯の強いタイの女性社長バラポンさんを思い起こさせる、気高く美しいフローラルの香りです。

【ジャパニーズ・ガーデン】

煎茶とヒヤシンスにタンジェリンが奏でるトップノート。ハーバルフローラルのミドルを支えるムスクと苔と白檀の競演。

朝もやにかすむ比叡山、枯山水と境内の苔の緑が朝日に照らされる。穏やかな静謐《せいひつ》と清浄な空気を思わせる香り。新緑の京都をイメージさせる日本的な香りです。

【アルファベットシリーズ】

アルファベットのA,B,C……の文字ごとに、連想される言葉から、一つずつオリジナルで調香していった香りのシリーズ。アルファベット26文字に合わせて26種類の香りのバリエーションという画期的な試みを実現しました。

【MUSICA SCENTS　ムジカセンツ】

4つの異なるジャンル（ジャズ、ボサノヴァ、タンゴ、R&B）の音楽をモチーフとした、心地よい音楽のリズムが湧き上がるようなフレグランス。

それぞれのジャンルの名曲が浮かぶような設計で調香され、曲をイメージした香りが大切な思い出を呼び覚ましてくれます。

【cotoiro】

京都の四季をイメージして作り上げた、日本の美意識を体現するような香りのシリーズです。それぞれの香りの特徴とそこから導かれるイメージを簡単にご紹介します。

「先《ぽん》斗《と》町《ちょう》の雪」　年の瀬押しせまる夜更けの先斗町。深々と降る雪。舞妓《まいこ》が差す蛇の目の紅と提灯の橙。石畳に解け入る粉雪の香と白粉の香がはんなりと混じり合うパウダリーフローラルの香り。

「三室戸の紫陽花」　瑞々しく華やぐ色彩の祭典。透き通るほどのその儚さは、都人が残していった涙の雫。清楚で郷愁を誘うアクアフローラルの香り。

「高瀬川の柳」　薫風に揺れる柳の葉先が川面を撫でてゆく。目にも鮮やかな新緑のしだれ柳と高瀬川の川面に浮かぶ煌めきを表現したリーフィーアクアの香り。

「高雄の紅葉」　艶やかな色彩に覆われた高雄の景色。黄、橙、赤、緑と眩いほどに華やいだ紅葉を表現したウッディーフローラルの香り。

「白川の枝垂桜」　祇園白川の巽橋に花吹雪が舞う4月。行き交う舞妓の白粉の香が枝垂桜の香に重なる瞬間。花びらを纏っただらりの帯（舞妓がつける特別な帯）がまったりとした印象を与えるパウダリーフローラルの香り。

「嵯峨の竹林」　嵯峨野に生い茂る竹林の生命力みなぎる若竹色と青緑色。林間を吹き抜けてゆく秋寒の風とともに、清涼感溢れるフレッシュグリーンの香り。

「花園の蓮」　清廉な立ち姿の蓮の花。その葉は水晶玉のような大きな水滴を抱えています。土色の泥池との強い対比に際立つその色彩。高貴で芳醇なアクアティックフローラルの香り。

「東山の名月」　初秋の東山。山稜から現れた大きな満月が石畳を照らします。夏を惜しむ虫の声。ひんやりとした清風と檸檬色の満月が織りなす爽快感あるフルーティーシトラスの香り。

「貴船の聖水」　朝霧立ち込める山のなか、岩肌を流れ落ちる清らかな水。神秘的な力を秘めた貴船の水をイメージした透明感溢れるアクアティックシトラスの香り。

「水尾の柚子」　薫り高く、爽快感溢れる新鮮な柚子。水尾の山間に咲く山野草の香とともに表現したシトラスグリーンの柚子の香り。

「鞍馬の朝露」　日の出前の鞍馬山。鬱蒼とした山間に立ち込める朝霧。鞍馬苔の香と杉やヒノキの香木の香が靄《もや》のなかで幻想的な舞を舞う。ウッディーオゾンの香り。

「鳥羽の藤」　たわわに咲き誇る鳥羽の藤。目にも鮮やかな紫色のグラデーションが幾重にも連なります。妖艶で気品溢れる藤の花を表現したウッディーフローラルの香り。

――たれも見ている人はない、
でもあなたは跳ばなくてはなりません。
（オーデン詩集　深瀬基寛訳　せりか書房）

## 高木 リチャード 哲（たかぎ リチャード さとし）

株式会社アート・ラボ代表取締役。京都市生まれ。明治大学政治経済学部卒業。趣味はジャズ・小品盆栽・美術鑑賞・ハンドクラフト。座右の銘は「願えば、叶う」「見るまえに跳べ」。大学卒業後、リーベルマン・ウェルシュリー&Co.,SA 勤務後、輸入雑貨商社、広告制作会社を経て、1987年独立創業。

本書についての
ご意見・ご感想はコチラ

# 香りが僕に教えてくれたこと

2023年9月7日　第1刷発行

著　者　　高木 リチャード 哲
発行人　　久保田貴幸

発行元　　株式会社 幻冬舎メディアコンサルティング
〒151-0051　東京都渋谷区千駄ヶ谷4-9-7
電話　03-5411-6440（編集）

発売元　　株式会社 幻冬舎
〒151-0051　東京都渋谷区千駄ヶ谷4-9-7
電話　03-5411-6222（営業）

印刷・製本　中央精版印刷株式会社
装　丁　　弓田和則

検印廃止

Printed in Japan
ISBN 978-4-344-94716-0 C0095
幻冬舎メディアコンサルティングＨＰ
https://www.gentosha-mc.com/